Vorwort.

Bei den bisherigen Untersuchungen auf dem Gebiete des Raman-Effektes wurde in erster Linie versucht, möglichst vollständige Spektren von den verschiedenen Substanzen zu erhalten, diese zu diskutieren, die beobachteten Frequenzen bestimmten Schwingungen zuzuordnen und die bestehenden Kraftfelder zu berechnen. Es sollten vor allem Strukturfragen geklärt werden.

Schon bald nach der Entdeckung des Raman-Effektes wurde erkannt, daß dieser auch zur Lösung analytischer Probleme geeignet ist. Heute liegen die Spektren einer großen Zahl von Substanzen vor. Außerdem sind die Methoden der qualitativen und quantitativen Analyse weitgehend untersucht, so daß es möglich ist, diese Verfahren jetzt auch in der Industrie zur Untersuchung organischer Gemische, wie sie z. B. in den Benzinen und Ölen vorliegen, anzuwenden.

Das vorliegende Buch soll den Leser mit den theoretischen Grundlagen und der experimentellen Technik des Raman-Effektes vertraut machen, soweit das für die Anwendung notwendig erschien. Es bringt eine Zusammenstellung der analytisch wichtigsten Linien von organischen Substanzen und eine Darstellung der qualitativen und quantitativen Methoden der Raman-Spektralanalyse.

Herrn Professor Dr. J. GOUBEAU bin ich für viele wertvolle Anregungen und seine Unterstützung bei der Verfassung des Buches zu großem Dank verpflichtet.

Heidelberg, im Herbst 1951.   **Walter Otting.**

Inhaltsverzeichnis.

	Seite
I. Abriß der theoretischen Grundlagen	1
A. Einführung	1
§ 1. Atom- und Molekülspektren	1
§ 2. Allgemeines über Schwingungsspektren	2
§ 3. Theorie des Ultrarotspektrums	5
§ 4. Theorie des Raman-Spektrums und der Rayleigh-Strahlung	6
§ 5. Die Entstehung des Raman-Spektrums	7
§ 6. Allgemeines über das Raman-Spektrum	9
α) Masse	10
β) Bindekräfte	10
γ) Schwingungsformeln	12
§ 7. Die Streulinie	13
α) Der Polarisationszustand der Streulinie	13
β) Die Intensität der Streulinie	15
γ) Die Struktur der Streulinie	16
B. Raman-Spektren von organischen Substanzen	18
§ 8. Allgemeines	18
§ 9. Charakteristische Frequenzen	18
§ 10. Paraffine	25
α) Geradkettige Paraffine	25
β) Verzweigte Paraffine	26
§ 11. Substituierte Paraffine	27
α) Allgemeines	27
β) Alkohole	28
γ) Halogenderivate	28
δ) Schwefelverbindungen	29
ε) Die C=O-Bindung: Ketone, Aldehyde, Säuren, Säureanhydride, Säureester, Säurehalogenide, Säureamide	30
§ 12. Olefine	32
α) Unverzweigte α-Olefine	33
β) Verzweigte α-Olefine	34
γ) Olefine mit mittelständiger Doppelbindung (cis- und trans-Konfiguration)	35
δ) Unsymmetrisch disubstituierte Äthylene	36
ε) Trisubstituierte Äthylene	37
ζ) Tetrasubstituierte Äthylene	38
η) Diolefine und sonstige Äthylenderivate	38
ϑ) Voraussage der Spektren von Olefinen	39
§ 13. Die C=N-, N=N- und N=O-Bindung	42
§ 14. Acetylenderivate	45
§ 15. Die C≡N-Bindung	46
§ 16. Ringsysteme	47

Inhaltsverzeichnis. V

§ 17. Der aromatische Ring 48
§ 18. Mehrkernige aromatische Verbindungen 50
§ 19. Übersicht charakteristischer Spektren von Kohlenwasserstoffen 51

II. Experimentelle Methodik 51
A. Lichtquellen 51
§ 20. Allgemeines 51
§ 21. Quecksilberbrenner 58
§ 22. Das Quecksilberspektrum 63
§ 23. Lichtfilter 65
B. Versuchsanordnungen 69
§ 24. Allgemeines 69
§ 25. Lampen 69
§ 26. Streugefäße 73
§ 27. Versuchsanordnungen für tiefe Temperaturen 76
§ 28. Kristallpulveraufnahmen 78
§ 29. Spektrographen 80
  α) Allgemeines 80
  β) Prismenspektrographen 81
  γ) Gitterspektrographen 82
  δ) Justierung von Spektrographen und Raman-Rohren .. 84
§ 30. Die Aufnahme bzw. Registrierung der Raman-Spektren .. 87
  α) Photoplatten und ihre Hypersensibilisierung 87
  β) Photozellen und Registriergalvanometer 88
§ 31. Polarisationsmessungen 89
C. Vorbehandlung der zur Spektroskopierung bestimmten Substanz 91
§ 32. Allgemeines 91
§ 33. Chemische Reinigungsmethoden 91
§ 34. Physikalische Reinigungsmethoden 92
  α) Destillation 92
  β) Reinigung durch Ausfrieren 95
  γ) Adsorption 95
  δ) Reinigung fester Stoffe 96
  ε) Die Behandlung von Lösungen 96
§ 35. Fluoreszenzlöschung 96
§ 36. Gefärbte Substanzen 97
D. Die Spektralaufnahme und ihre Auswertung 98
§ 37. Die Belichtung der Photoplatte und ihre Entwicklung ... 98
§ 38. Die Ausmessung der Photoplatte 99
§ 39. Ableitung des Raman-Spektrums 102
§ 40. Intensitätsbestimmungen 107
  α) Intensitätsbestimmungen mit Photoplatten 107
  β) Intensitätsbestimmungen ohne Photoplatten 113
  γ) Korrektur der Intensitätsmessungen für verschiedene Apparaturen 114

III. Qualitative Analyse 116
§ 41. Allgemeines 116
§ 42. Prüfung eines Stoffes auf Reinheit 118
§ 43. Nachweis für die Gegenwart einer bestimmten Substanz .. 120
§ 44. Analyse eines Substanzgemisches 120
§ 45. Benzinanalyse 123
§ 46. Ölanalyse 125
§ 47. Eiweißanalyse 127
§ 48. Analyse von Substanzen, deren Raman-Spektren noch unbekannt sind 128

IV. Quantitative Analyse 130
§ 49. Allgemeines 130
A. Analysen durch Schätzung der Linienintensitäten 133
§ 50. Analysen ohne Eichaufnahmen 133
§ 51. Analysen mit Eichaufnahmen 133
B. Analysen unter Benutzung von Photometern 135
§ 52. Allgemeines 135
§ 53. Analysen mit Eichkurven 135
α) Eichkurven binärer Mischungen 135
β) Eichkurven ternärer Mischungen 138
γ) Streufähigkeitsformel 140
§ 54. Analysen mit vereinfachten Eichkurven 141
α) Analysen ternärer und höherer Gemische mit binären Eichkurven 141
β) Analysen mit Eichkurven aus dem Mischungsverhältnis 1:1 141
γ) Analysen mit Eichkurven aus den Intensitäten der Reinsubstanzen 142
§ 55. Direkte Bestimmung der Konzentrationen 145
α) Konzentrationsbestimmung mit dem Doppelröhrchen .. 145
β) Konzentrationsbestimmung durch Zumischung einer Bezugssubstanz 146
γ) Konzentrationsbestimmung durch korrigierte Vergleichsaufnahmen mit Reinsubstanzen 147
δ) Konzentrationsbestimmung durch direkte Photometrierung des Raman-Lichtes und Vergleich über die Linie CCl_4 459 cm^{-1} 149
C. Analysenverfahren, die nicht auf Intensitätsmessungen beruhen 151
§ 56. Analysen auf Grund der Linienbreite 151
§ 57. Analysen auf Grund von Frequenzänderungen 153

V. Schlußbetrachtungen 154
§ 58. Ausblick 154
§ 59. Vergleich mit anderen physikalischen Untersuchungsmethoden, vor allem der Ultrarotspektroskopie 155

Literaturverzeichnis 156
Sachverzeichnis 159

I. Abriß der theoretischen Grundlagen.

A. Einführung.

§ 1. Atom- und Molekülspektren.

Man unterscheidet Atom- und Molekülspektren. Bei den *Atom*spektren wird durch zugeführte Energie ein Elektron der Elektronenschale auf eine höhere Energiestufe gehoben oder ganz aus dem Wirkungsbereich der Atomkerne entfernt. Die notwendige Energie kann in Form von Wärme, elektrischer Energie, mechanischer Energie oder Licht dem Atom zugeführt werden. Fällt nun das Elektron auf eine niedere Energiebahn zurück, dann strahlt es dabei die Energie in Form einer elektromagnetischen Welle aus, deren Wellenlänge von der Energiedifferenz zwischen angeregtem Zustand und Endzustand abhängt. Es wird ein Emissionsspektrum beobachtet. Ein Elektron, das aus einem bestimmten Anregungszustand auf eine energieärmere Elektronenbahn springt, erzeugt eine Spektral*linie* bestimmter Frequenz (Linienspektrum), während ein Elektron, das abdissoziiert war ‚und eingefangen wird, einen unbestimmten Betrag kinetischer Energie mitbringen kann. Solche Elektronen erzeugen beim Sprung in bestimmte Energiebahnen keine scharfen Linien, sondern *Banden* mit einer scharfen Grenze zum langwelligen Teil des Spektrums. Diese Grenze gibt die Energie an für den Sprung eines Elektrons mit der kinetischen Energie Null auf die bestimmte Energiebahn.

Da die Atomspektren durch Änderung der Energie in der Elektronenschale der Atome entstehen, geben sie Auskunft über die Art der Atome und ihren Ionisierungsgrad.

Die Spektren der *Moleküle* sind komplizierter. Moleküle können durch zugeführte Energie 1. in Rotationen um ihren Schwerpunkt versetzt werden. Diese gehorchen Quantengesetzen, so daß ein Rotationsspektrum entsteht. Die Energiebeträge der Rotation sind sehr klein; die Frequenzen, in Wellenzahlen (cm^{-1}) gemessen, sind kleiner als 100 cm^{-1}. Die Rotationsspektren liegen im fernen Ultrarot (Wellenlänge größer als 100 μ).

Die Moleküle können 2. auch in Schwingungen versetzt werden. Die Atome des Moleküls schwingen um ihre Gleichgewichtslage im Molekül. Auch diese Schwingungen regeln sich nach Quantengesetzen. Die Schwingungsenergie ist größer als die Rotationsenergie. Die Frequenzen liegen zwischen 100 cm^{-1} und 4000 cm^{-1}. Die Spektren liegen zwar auch im langwelligen Ultrarot, aber in vielen Fällen in einem der Beobachtung der Absorption schon gut zugänglichen Bereich (Wellenlänge zwischen 100 und 2,5 μ).

3. können auch Elektronen in einen angeregten Zustand übergehen. Dieser Anregungszustand ist der energiereichste. Die Elektronenspektren liegen wie die Atomspektren im nahen Ultraviolett, Sichtbaren und Ultrarot. Da aber bei jeder Anregung eines Elektrons gleichzeitig auch Molekülschwingungen und -rotationen angeregt werden, so entsteht eine dreifache Mannigfaltigkeit von Energiedifferenzen, wodurch die Spektren äußerst linienreich werden (Bandenspektren).

Die Molekülspektren können prinzipiell in Absorption und Emission beobachtet werden. Normalerweise beobachtet man die Rotations- und Rotationsschwingungsspektren (Ultrarotspektren) in Absorption, die Bandenspektren (Funken-, Bogen- und Fluoreszenzspektren) in Emission und Absorption. Die auch zu den Molekülspektren gehörigen Raman-Spektren sind anderer Art, nämlich Streuspektren. Das Licht tritt in Wechselwirkung mit den Molekülschwingungen und -rotationen und erleidet dadurch eine Wellenlängenänderung, so daß das Streulicht eine andere Wellenlänge hat als das eingestrahlte Licht. In den Raman-Spektren werden im wesentlichen Schwingungsspektren beobachtet.

Die Molekülspektren geben Auskunft über die Art der Radikale und Moleküle, ihren Bindungszustand, über Assoziationen und Polymerisationen, über die Bindekräfte zwischen den Atomen, Radikalen und Molekülen sowie über ihre Massen (Isotopie-Effekt).

§ 2. Allgemeines über Schwingungsspektren.

Die Moleküle sind aus Atomen zusammengesetzt, die durch irgendwelche Kräfte miteinander verbunden sind. Da diese Kräfte nicht unendlich groß sind, ist das Molekül kein absolut starres Gebilde. Die Atome vermögen Schwingungen um ihre Ruhelage auszuführen. Dabei zieht die Bewegung eines Atoms wegen der Verkettung untereinander eine Bewegung aller Atome nach sich, das ganze System führt Schwingungen aus.

Jedes Einzelatom besitzt 3 Bewegungsmöglichkeiten, ein n-atomiges Molekül also $3n$. Von diesen entfallen im Molekül 3 auf die Translationen in die 3 Raumrichtungen und 3, bei linear gebauten Molekülen 2, auf die Rotationen um die 3 bzw. 2 Hauptträgheitsachsen. (Bei linear gebauten Molekülen findet eine Rotation um die

Molekülachse unter normalen Verhältnissen nicht statt.) Diese 6 bzw. 5 Bewegungen werden als „äußere" bezeichnet. Translationen sind nicht rückläufig und haben die Frequenzhöhe Null. Ihre Schwingungsdauer ist in diesem Sinne unendlich groß. Man spricht von uneigentlichen oder „Nullschwingungen". Die Rotationsfrequenzen liegen unter 100 cm^{-1}. Eine einmal eingeleitete Rotation wird ohne äußere Einwirkung nicht gegenläufig. Die restlichen $3n$—6 bzw. $3n$—5 Bewegungen des Moleküls erfolgen rückläufig. Bei ihnen wird weder der Schwerpunkt verschoben noch eine Rotation eingeleitet. Es handelt sich um „innere" Bewegungen des Moleküls, um Systemschwingungen mit endlichen Frequenzwerten zwischen Null und etwa 4000 cm^{-1}. Diese Schwingungen bezeichnet man als „Normal-" oder „Eigenschwingungen" des Systems. Sie sind zueinander „orthogonal": d. h. sie leisten keine Arbeit aneinander. Verzerrt man ein System so, daß es freigelassen eine Normalschwingung ausführt, so wird diese periodische Bewegung nicht Anlaß geben zum Auftreten einer neuen Normalschwingung.

Haben zwei (drei) Normalschwingungen des Systems die gleiche Frequenzhöhe ω, also auch die gleiche Energie $h\omega$, dann bezeichnet man sie als zwei- bzw. dreifach entartet. Ist die Frequenzgleichheit durch die speziellen dynamischen Verhältnisse bedingt, dann spricht man von einer „zufälligen" Entartung. Diese kann aufgehoben werden, wenn man, ohne an den Symmetrieverhältnissen etwas zu ändern, das Kraftfeld oder die Massen oder einen Systemparameter variiert. Ist die Entartung nur durch die Symmetrie bedingt, so heißt sie „notwendig". Eine notwendige Entartung kann nur durch Veränderung der Symmetrie beseitigt werden. Durch Symmetrie wird die Zahl der Normalschwingungen herabgesetzt. Das Spektrum wird übersichtlicher und läßt sich theoretisch leichter erfassen. Aus dem Grunde ordnet man die Moleküle in bestimmte Symmetrieklassen ein.

Symmetrieelemente, die auftreten können, sind Spiegelebenen, Drehachsen, Drehspiegelachsen und Symmetriezentrum. Läßt sich eine Spiegelebene durch das Molekül legen, dann kann man dieses in 2 spiegelbildlich gleiche Hälften aufteilen. Eine Drehachse ist eine durch das Molekül gelegte Achse, um die gedreht das Molekül bei einer vollen Umdrehung 2-, 3-, 4-, 5-, 6- oder unendlichmal wieder mit sich selbst zur Deckung kommt. Man unterscheidet demnach 2-, 3-, 4-, 5-, 6- und unendlichzählige Drehachsen. Das Molekül hat ein Symmetriezentrum, wenn durch Spiegelung an diesem Zentrum jeder Punkt des Moleküls in einen identischen Punkt übergeht. Ein Molekül kann mehrere Spiegelebenen und Drehachsen haben, aber nur ein Symmetriezentrum. Symmetrieebenen werden mit σ bezeichnet, Drehachsen je nach ihrer Zähligkeit mit C_2, C_3..., Drehspiegelachsen mit S_2, S_3..., das Symmetriezentrum mit i. Eine Schwingung kann zu den einzelnen Symmetrieelementen symmetrisch (s), antisymmetrisch (as) oder entartet (e) sein. Bei einer symmetrischen Schwingung ändert sich bei Betätigung der Symmetrieoperation das Schwingungsbild nicht (Abb. 1, ω_4). Ist die Schwingung antisymmetrisch, dann entsteht durch die Symmetrieoperation ein Bild, wie es nach einer halben Schwingungsdauer ist (Abb. 1, C_4^z, ω_1, ω_2, ω_3). Bei entarteten Schwingungen geht durch die Symmetrieoperation die Schwingung in ein Schwingungsbild über, wie es ohne Betätigung der Symmetrieoperation nicht entsteht (Abb. 1, C_4^z, ω_5 und ω_6). Die Resultierende beider Formen ergibt ein Schwingungsbild einer anderen frequenzgleichen Schwingung, mit der die zuerst betrachtete entartet ist. Der Grund für die Entartung in den Fällen, in denen neben einer Achse C_p mit $p > 2$ noch andere Symmetrieelemente vorhanden sind, ist meist „Nichtvertauschbarkeit" der Symmetrieoperationen. Schwingungen gehören zur gleichen „Klasse" oder „Rasse", wenn sie sich zu denselben Symmetrieelementen gleich verhalten.

Die für theoretische Erörterungen wichtigen Symmetrieverhältnisse sollen hier nicht weiter besprochen werden. Der interessierte Leser kann sich die Verhältnisse am Beispiel eines Viermassenmoleküls mit den Symmetrieelementen σ_x, σ_y, σ_v, σ_w, C_4^z, C_2^z und i selbst klarmachen (Abb. 1).

Die Summe aller zu den Normalschwingungen gehörigen Eigenfrequenzen bezeichnet man als Schwingungsspektrum. Es ist ein Linienspektrum, in dem die Zahl, die Frequenzverteilung und die Intensitäts- und Polarisationsverhältnisse der zu den Eigenfrequenzen gehörigen Linien von den geometrischen und dynamischen Eigenschaften des streuenden Moleküls, also von Zahl, Gewicht und räumlicher Verteilung der schwingenden Atome sowie von dem sie verkettenden Kraftfeld abhängen. Wären diese Verhältnisse alle bekannt, so ließe sich das Schwingungsspektrum berechnen. Der umgekehrte Schluß ist nicht eindeutig. Will man aus dem Schwingungsspektrum z. B. das Kraftfeld des Moleküls berechnen, so ersinnt man ein vereinfachtes, aber nach bestem Wissen möglichst naturähnliches Molekülmodell und vergleicht dessen errechnete spektrale Eigenschaften mit den am Molekül selbst beobachteten. Ist die Übereinstimmung des Modellspektrums mit dem beobachteten Spektrum nicht nur bei dem vorliegenden Molekül, sondern auch bei ähnlich gebauten befriedigend, dann hat man Grund, an die Naturtreue des Modells zu glauben.

Einführung. 5

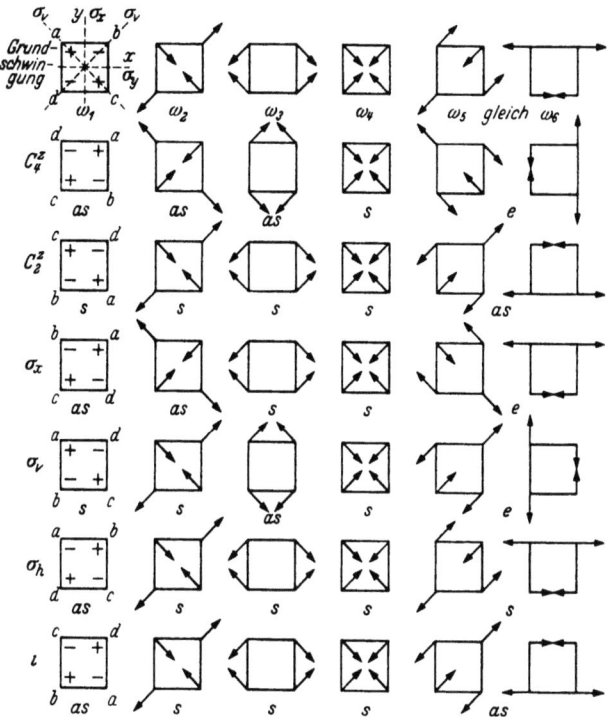

Abb. 1. Schwingungsformen des Viererringes. σh liegt in der Zeichenebene; + bedeutet oberhalb, — unterhalb dieser Ebene.

§ 3. Theorie des Ultrarotspektrums.

Die Atomkerne sind positiv geladen, die Elektronen negativ. Da die Elektronen im Molekül im allgemeinen nicht kugelsymmetrisch verteilt sind, werden Dipolmomente auftreten, deren Beträge durch gewisse Kernschwingungen geändert werden. Die Frequenzen des ultraroten Lichtes liegen in der Größenordnung der Kernfrequenzen. Diese können bei Frequenzgleichheit zum Mitschwingen erregt werden, wenn das elektromagnetische Feld des Lichtes am Kraftfeld des Moleküls angreifen kann. Das ist der Fall, wenn sich bei der Schwingung ein vorhandenes Dipolmoment ändert. Die Änderung des Dipolmomentes ist also entscheidend für das Auftreten des Ultrarotspektrums. Es wird Lichtenergie in Schwingungsenergie verwandelt. Dabei wird nicht nur Licht von gleicher Frequenz absorbiert, sondern auch solches von der Summe zweier gleicher oder verschiedener Frequenzen. Es treten Ober- und Kombinationstöne auf, die die Deutbarkeit des Spektrums erschweren. Beobachtet wird das Spektrum des Lichtes, das die Substanz durchstrahlt hat, in dem die absorbierten Wellenlängen geschwächt sind.

§ 4. Theorie des Raman-Spektrums und der Rayleigh-Strahlung.

Das Raman-Spektrum ist ein Streuspektrum. Licht von höherer Frequenz, als den Molekülschwingungen entspricht, verschiebt die Elektronenwolke des Moleküls in erzwungener Schwingung mit gleicher Frequenz gegen die Atomkerne, die diesen hochfrequenten Schwingungen nicht zu folgen vermögen. Die Verschiebbarkeit der Elektronen gegen die Kerne bezeichnet man als Polarisierbarkeit. Normalerweise schwingen die Elektronen mit derselben Frequenz wie das sie anregende Licht und geben Anlaß zu einer Streustrahlung von gleicher Frequenz wie das erregende Licht, der „Rayleigh-Strahlung". Diese ist kohärenter Natur. Bei regelmäßiger Anordnung der Moleküle, wie sie in Kristallen gegeben ist, löschen sich die Wellenzüge der von den einzelnen Molekülen gestreuten Strahlung wegen der Phasengleichheit weitgehend aus, obwohl dort die Dichte, also die Zahl der streuenden Moleküle, groß ist. Die Intensität der Rayleigh-Strahlung ist den Dichte*schwankungen* proportional.

Molekülschwingungen, die eine Änderung der Polarisierbarkeit zur Folge haben, können sich dieser Strahlung überlagern, indem sie entweder von dem Licht angeregt werden, dem die entsprechende Energie entzogen und das darum entsprechend langwelliger gestreut wird (Stokessche Linien), oder indem sie ihre Schwingungsenergie an die Lichtschwingung abgeben und Anlaß zu blauverschobenen Linien geben (anti-Stokessche Linien). Durch die Wechselwirkung der Molekülschwingung mit der vom Licht erzwungenen Elektronenschwingung tritt eine Phasenverschiebung ein, so daß das Raman-Licht inkohärent ist. Die von den einzelnen Molekülen gestreuten Wellenzüge sind nicht mehr phasengleich und löschen sich daher bei regelmäßiger Anordnung der Moleküle durch Interferenz nicht mehr aus. Ihre Intensität ist proportional der Zahl der streuenden Teilchen, also in Kristallen und Flüssigkeiten groß, in Gasen gering. Das Intensitätsverhältnis von stärkster Raman- zu Rayleigh-Linie ist z. B. beim Quarz 1:2, bei Flüssigkeiten von der Größenordnung 1:100, bei Gasen noch geringer.

Die Entstehung von Rayleigh-Strahlung und Raman-Strahlung wird quantenmechanisch folgendermaßen gedeutet: Von den vielen

Lichtquanten, die auf die Moleküle auftreffen, werden die meisten elastisch, ohne Energieverlust gestreut. Diese Streustrahlung hat die gleiche Frequenz wie das eingestrahlte Licht („klassisch" gestreute Strahlung oder Rayleigh-Strahlung). Einige Lichtquanten geben aber einen Teil ihrer Energie in unelastischem Stoß an die Moleküle ab, die dadurch zu Schwingungen oder Rotationen angeregt werden. Die Molekülenergie nimmt dabei um $h\nu_m$ zu ($h =$ Plancksches Wirkungsquantum, $\nu_m =$ Molekülfrequenz), der Rest der Lichtquantenenergie ν_R wird als Strahlung von der Frequenz

$$\nu_R = \nu - \nu_m$$

beobachtet (Raman-Strahlung).

Befand sich bei der Bestrahlung das Molekül bereits im angeregten Zustand, dann besteht auch die Möglichkeit, daß Schwingungs- oder Rotationsenergie des Moleküls an das Lichtquant, das mit diesem Molekül in Wechselwirkung tritt, abgegeben wird. In diesem Fall beobachtet man die blauverschobene Raman-Linie

$$\nu_R = \nu + \nu_m,$$

während normalerweise die Raman-Linien rotverschoben sind. Der Fall, daß das Molekül Lichtenergie aufnimmt, ist viel häufiger gegeben als der, in dem ein angeregtes Molekül Lichtenergie abgibt, weil der angeregte Zustand seltener vorliegt als der nicht angeregte.

Im Raman-Effekt machen sich genau wie im Ultraroteffekt die Molekülschwingungen bemerkbar. Für die Entstehung des Ultrarotspektrums ist es notwendig, daß sich bei der Schwingung ein bestehendes Dipolmoment ändert, für den Raman-Effekt ist dagegen eine Änderung der Polarisierbarkeit mit der Schwingung maßgeblich. Daher sind manche Molekülschwingungen entweder nur im Raman-Effekt oder nur im Ultraroteffekt beobachtbar, andere in beiden Effekten, einige entgehen ganz der Beobachtung und lassen sich nur rechnerisch erfassen. Für die Aufstellung eines vollständigen Schwingungsspektrums ergänzen sich somit die beiden Effekte. Das Ultrarotspektrum ist ein Absorptionsspektrum, das Raman-Spektrum ein Streuspektrum.

§ 5. Die Entstehung des Raman-Spektrums.

Der Raman-Effekt kann grundsätzlich von jeder monochromatischen Strahlung angeregt werden, die von der Substanz nicht absorbiert wird. Der ultrarote Spektralbereich ist ungeeignet, weil die Molekülfrequenzen von gleicher Größenordnung sind wie dieses Licht. Hier liegen die molekularen Absorptionsstellen. Außerdem ist die Strahlung wegen der Abnahme der Streuintensität mit $1/\lambda^4$ zu schwach (λ = Wellenlänge). Der sichtbare Bereich ist das eigentliche Anwendungsgebiet der Raman-Spektroskopie. Man kann hier gewöhnliche Glasspektrographen und Photoplatten benutzen. Manchmal arbeitet man auch im nahen Ultraviolett, wenn hierdurch die Substanz nicht zersetzt oder zur Fluoreszenz angeregt wird. Das ferne Ultraviolett, Röntgen- oder Gammastrahlen werden für die Raman-Spektroskopie nicht benutzt, weil sie die Substanzen photochemisch zersetzen und zu anderen Effekten Anlaß geben (z. B. Beugungserscheinungen und Röntgenspektren).

Als Lichtquelle für den Raman-Effekt wird meist Quecksilberlicht benutzt. Dieses ist zwar nicht monochromatisch, besitzt aber einige scharfe und sehr intensive Linien, die zur Anregung gut geeignet sind. Jede dieser Linien erzeugt ein vollständiges Spektrum, das je nach den Versuchsbedingungen auch mehr oder weniger vollständig beobachtet wird. Das Schema eines Raman-Spektrums zeigt Abb. 2:

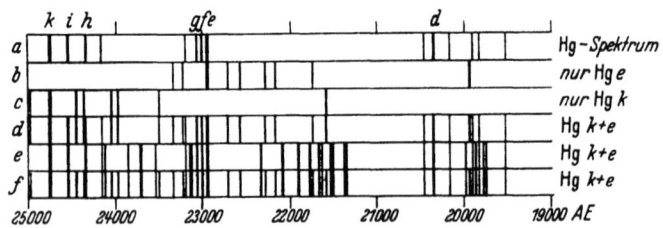

Abb. 2. Entstehung der Streuspektren von Chloroform (b, c, d) Benzol (e) und Chloroform + Benzol (f).

In Abb. 2a ist das Spektrum von Quecksilber dargestellt, wie es in Raman-Aufnahmen meist beobachtet wird. Außer diesen Linien weist Quecksilberlicht noch schwache Linien auf, die in Streuspektren aber meist nicht beobachtet werden (vgl. Tab. 16). 2b zeigt das Streuspektrum von Chloroform, wie es entsteht, wenn nur mit Hg e gearbeitet wird, 2c in entsprechender Weise dasjenige bei Erregung mit Hg k. 2d zeigt das Raman-Spektrum von Chloroform, 2e das von Benzol und 2f dasjenige einer Mischung von Chloroform und Benzol, wie man sie bei Benutzung ungefilterten Quecksilberlichtes erhält.

Das Quecksilberlicht wird von der Substanz immer mit gestreut. Die Gründe für das Auftreten des Primärlichtes sind Rayleigh-Strahlung, Fluoreszenz, Tyndall-Strahlung und Reflexion.

Die „klassisch" gestreute Rayleigh-Strahlung läßt sich nicht unterdrücken. Sie ist um so geringer, je regelmäßiger die Substanz aufgebaut ist, denn sie ist kohärent und löscht sich durch Interferenz teilweise aus. Ihre Intensität ist den Dichteschwankungen in der Substanz proportional (vgl. § 4).

Fluoreszenz entsteht, wenn durch das Primärlicht Elektronen der Substanz vorübergehend in einen angeregten Zustand gebracht werden und direkt oder über Zwischenstufen in den Ausgangszustand zurückfallen. Dabei wird Licht ausgestrahlt, das im ersten Fall die Wellenlänge des Primärlichtes hat, im zweiten eine längere. Zur Anregung der Fluoreszenz ist eine bestimmte Energie notwendig, die beim Licht gegeben ist durch den Ausdruck $h\nu$ ($h =$ Plancksches Wirkungsquantum, $\nu =$ Erregerfrequenz). Ist die Erregerfrequenz ν zu klein oder, was dasselbe ist, die einstrahlende Wellenlänge λ zu groß, dann kann die Fluoreszenz nicht angeregt werden. Durch Herausfiltern des kurzwelligen Lichtes kann man daher in manchen Fällen die Fluoreszenz unterdrücken.

Die Tyndall-Streuung ist eine Beugungserscheinung an Teilchen, deren Durchmesser mit der Wellenlänge des Lichtes vergleichbar ist. An noch größeren Teilchen findet außerdem noch Reflexion des Primärlichtes statt. Diese beiden Störeffekte lassen sich vermeiden, wenn man die Teilchen, die Anlaß dazu geben, entfernt (vgl. § 32—35). Substanzen, die selbst einen starken Tyndall-Effekt verursachen, sind für Raman-Aufnahmen ungeeignet.

Außer Linien weist das Quecksilberspektrum aber auch noch ein Kontinuum auf, dessen Intensität außer von den obenerwähnten Streufaktoren auch noch von den Betriebsbedingungen der Quecksilberlampe abhängt (vgl. § 21).

Im Streuspektrum tritt neben der Primärlinie auch das Raman-Spektrum auf (Abb. 2b und 2c). Dabei ist das rotverschobene Spektrum vollständiger und lichtstärker als das blauverschobene. Blauverschobene Raman-Linien werden nur von den starken Linien mit niedrigen Frequenzen (etwa bis 500 cm^{-1}, in Ausnahmefällen bei starker Überbelichtung bis 1000 cm^{-1}) beobachtet.

Bei ungefiltertem Quecksilberlicht treten neben dem Spektrum des Quecksilbers auch die Raman-Spektren sämtlicher erregenden Quecksilberlinien auf (Abb. 2d und 2e). Bei Substanz*gemischen* beobachtet man die Überlagerung der Raman-Spektren der Reinsubstanzen, die in erster Näherung unverändert bleiben.

§ 6. Allgemeines über das Raman-Spektrum.

Wie schon erwähnt, werden im Raman-Effekt die Kernschwingungen der Moleküle beobachtet. Diese Schwingungen sind abhängig von 1. der Masse der Atome, 2. der Größe und Art der

Bindekräfte, 3. der Struktur der Moleküle, besonders der Symmetrie. Durch Variation von nur einem Bestimmungsstück läßt sich dessen Einfluß auf das Schwingungsspektrum studieren.

α) **Masse.** Die Variation der Masse eines Atoms im Molekül, wie der Ersatz von H durch D, Cl, Br, J oder eines organischen Restes R durch H, CH_3, C_2H_5, C_3H_7, ..., hat ergeben, daß bei Vergrößerung der Masse die Frequenzen der Schwingungen, an denen diese Masse beteiligt ist, erniedrigt werden. Die an den Schwingungen beteiligten Massen sind aus den Atomgewichten bekannt.

β) **Bindekräfte.** Die Bindekräfte zwischen den Atomen im Molekül werden als Federkräfte gedacht. Wird die Feder um die Strecke L gespannt, so macht sich eine rücktreibende Kraft $P = f \cdot L$ bemerkbar, worin f die „Federkraft" gemessen in Dyn/cm ist. Wird nun das System sich selbst überlassen, so führt es Schwingungen aus. Bei den zweiatomigen Molekülen ergibt sich eine eindeutige Beziehung
$$n = 2\pi\omega = \sqrt{f/\mu}\,.$$

Hierin wird n die „Kreisfrequenz", μ die „reduzierte Masse", definiert durch $1/\mu = 1/m_1 + 1/m_2$ (m_1 und m_2 sind die an der Schwingung beteiligten Massen), genannt. Diese Gleichung gilt nur für sehr kleine Werte von L, für „Schwingungen mit unendlich kleiner Amplitude". Bei Abweichungen von der Proportionalität $P = f \cdot L$ wird die Schwingung anharmonisch. Der Grundton ω wird tiefer, und es treten Obertöne und Kombinationstöne auf:

Grundton	1. Oberton	2. Oberton	Kombinationstöne
$\omega_0 (1-2x)$	$2\omega_0 (1-3x)$	$3\omega_0 (1-4x)$ usw.	$\omega_i \pm \omega_k$

(ω_0 = harmonischer Grundton. ω_i und ω_k = zwei Grundtöne, x ist eine kleine Größe). Obertöne und Kombinationstöne werden im Ultrarotspektrum häufig, im Raman-Spektrum selten beobachtet.

Der Proportionalitätsfaktor f wird als Federkraft in Richtung der Valenzbindung gedacht. Diese Federkraft darf aber nicht verwechselt werden mit der Festigkeit der betreffenden Bindung im Molekül. Die Werte von f hängen in erster Linie von den unmittelbar benachbarten Atomen, in zweiter Linie aber auch von dem ganzen übrigen Molekül ab.

f-Werte in 10^5 Dyn/cm für einige Bindungen sind:

C—H $\sim$ 4,8—6
C—C-Einfachbindung $\sim$ 4,9—6
C=C-Doppelbindung $\sim$ 8,5—10
C≡C-Dreifachbindung $\sim$ 14,5—16,5

Einführung.

C—O-Einfachbindung ∼ 4,5—6
C=O-Doppelbindung ∼ 12—14
C≡O-Dreifachbindung = 19,1 (CO-Molekül)
C—N-Einfachbindung ∼ 4—6
C≡N-Dreifachbindung ∼ 16—18
N—N-Einfachbindung = 3,59 (im NH_2—NH_2)
N=N-Doppelbindung ∼ 12
N≡N-Dreifachbindung ∼ 22

Ein dreiatomiges Molekül kann entweder gestreckt oder gewinkelt sein. Es hat sich gezeigt, daß die Annahme von Valenzkräften allein zur Berechnung der Schwingungen nicht ausreicht. Es müssen Zusatzkräfte berücksichtigt werden, die man als „Kantenkraft" f' oder als winkelerhaltende „Deformationskonstante" d annehmen kann (Abb. 3).

Schwingungen, die vor allem die Valenzkräfte beanspruchen, bezeichnet man als „Valenzschwingungen" und kennzeichnet sie mit ν (ω_1 und ω_3 in Abb. 3). Schwingungen, die im wesentlichen die winkelerhaltende Kraft oder Kantenkraft beanspruchen, sind Knickschwingungen und werden mit δ bezeichnet. Bei eben gebauten Molekülen sind auch Schwingungen senkrecht zur Molekülebene möglich. Diese Deformationsschwingungen werden zum Unterschied zu den in der Ebene verbleibenden Deformationsschwingungen als γ-Schwingungen gekennzeichnet (ω_1 in Abb. 1).

Läßt man nur Valenz- und Kantenkräfte, gemessen durch f und f' zu, dann spricht man von einem „Zentralkraftmodell"; stabilisiert man den Winkel statt durch Kantenbindungskräfte durch die

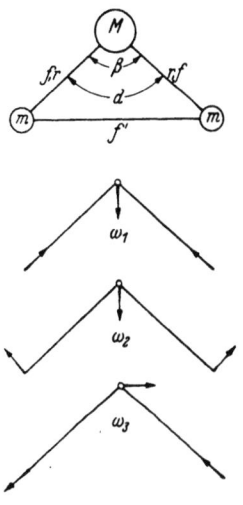

Abb. 3. Das symmetrische, gewinkelte Dreimassenmodell. ω_1 = symmetrische „Valenzschwingung", ω_2 = symmetrische „Deformationsschwingung", ω_3 = antisymmetrische „Valenzschwingung".

Einführung der Deformationskonstanten d, dann nennt man das Modell ein „Valenzkraftmodell". Beide Arten von Molekülmodellen wurden von N. BJERRUM (1) vorgeschlagen. Kein Modell ist allgemein anwendbar. Eine Kombination zwischen beiden würde den chemischen Tatsachen am besten entsprechen, doch enthielt solch ein Modell zu viele unbekannte Größen. Am besten hat sich noch für die Berechnung des bestehenden Kraftfeldes das Valenzkraftmodell bewährt, wobei das Verhältnis von f zu d mit etwa 10:1 angenommen wird.

γ) **Schwingungsformeln.** Die Schwingungsformeln zur Errechnung der Spektren sind im allgemeinen sehr kompliziert. Zur Berechnung des Kraftfeldes eines Moleküls denkt man sich ein Modell aus, das den gegebenen Verhältnissen nach bestem Wissen entspricht. Bei kompliziert gebauten Molekülen muß man gewisse Vereinfachungen einführen, indem man z. B. die auftretenden CH-, CH_2-, CH_3-, OH-, NH-, NH_2-Gruppen als einheitliche Massen auffaßt, um eine näherungsweise Berechnung des „Kettenspektrums" zu ermöglichen.

Unter der „Kette" versteht man dabei das nach Fixierung der H-Atome überbleibende und schwingungsfähige Skelett des Moleküls. Die Raumform und Starrheit des Moleküls wird in erster Linie durch diese Kette und ihr Kraftfeld bestimmt. Umgekehrt kann man durch die Analyse des Kettenspektrums häufig näherungsweise Aussagen über die Haupteigenschaften des Moleküls erlangen. Voraussetzung dazu ist natürlich die richtige Zuordnung der Linien zu CH- und Kettenfrequenzen. Die Schwingungsformeln für das Modell entnimmt man am besten der Literatur (2 und 3).

Durch Vergleich der errechneten Frequenzen mit den gefundenen läßt sich eine Zuordnung der Frequenzen zu bestimmten Schwingungen durchführen. Durch Vergleich mit Spektren ähnlich gebauter Substanzen lassen sich die Aussagen bestätigen, wobei einige Regeln und Gesetzmäßigkeiten zu beachten sind:

Der Satz von RAYLEIGH: Wird in einem schwingenden System an irgendeiner Stelle eine Masse vergrößert oder eine Federkraft verkleinert, dann gilt für sämtliche Systemfrequenzen, daß sie dabei nur konstant bleiben oder abnehmen, niemals zunehmen können.

Nichtentarten gleichrassiger Schwingungen: Bei dieser einparametrigen Variation (der Parameter f/μ nimmt ab) können sich Frequenzkurven, die zu Systemschwingungen gleicher Rasse gehören, nicht überkreuzen. Da verschiedene Schwingungsformen mit gleicher Frequenz als entartet bezeichnet werden, und da an der Kurvenkreuzung Frequenzgleichheit auftreten würde, drückt man dies auch so aus: Schwingungen gleicher Rasse können miteinander nicht entarten.

Kopplung von Bindungen: Werden zwei Radikale durch eine Bindung gekoppelt, dann wird durch die Kopplung stets die tiefere Eigenfrequenz der beiden Radikale vertieft, die höhere erhöht.

Die charakteristische Frequenz: Ist in einem System eine Bindung so beschaffen, daß ihre Bindungsfrequenz $\omega'(C-X)$ von anderer Größenordnung ist als die Bindungsfrequenzen des übrigen Systems, dann wird es immer eine Valenzschwingung des Systems geben, die vorwiegend die Bindung $C-X$ beansprucht und daher nach Frequenzhöhe und Frequenzgang der Bindungsfrequenz $\omega'\,(C-X)$ ähnlich sein wird. Man bezeichnet sie als die für die Bindung $C-X$ charakteristische Frequenz. Diese ist etwas tiefer oder etwas höher als $\omega'\,(C-X)$, je nachdem, ob $\omega'\,(C-X)$ kleiner oder größer ist als die übrigen Bindungsfrequenzen.

§ 7. Die Streulinie.

a) **Der Polarisationszustand der Streulinie.** Die Ursache für das Auftreten von Streulicht ist die durch das Licht erzwungene Schwingung der Elektronen gegen die Atomkerne. Die Verschiebbarkeit der Elektronen gegen die Kerne oder die Polarisierbarkeit des Moleküls (α) ist bei *isotropen* Molekülen nach allen Richtungen die gleiche. Die Polarisierbarkeitsverhältnisse können daher durch einen einzigen Wert von α bei der klassischen Streuung bzw. α' bei der Raman-Streuung beschrieben werden. Das Molekül befinde sich im Aufpunkt 0 eines Koordinatensystems (Abb. 4). Wird das Molekül von einer aus der x-Richtung kommenden monochromatischen Welle getroffen, deren elektrischer Vektor in der y-Richtung schwingt, so wird in ihm ein Moment induziert, das ebenfalls in der y-Richtung schwingt. Diese Schwingung gibt Anlaß zu einer in der y-Richtung linear polarisierten Strahlung. Ein Beobachter in B würde bei Verwendung eines Nicols diese Linearpolarisation dadurch feststellen, daß bei Drehung des Nicols das durchgelassene Licht dann einen Höchstwert bzw. den Wert Null erreicht, wenn der Nicol nur solches Licht durchläßt,

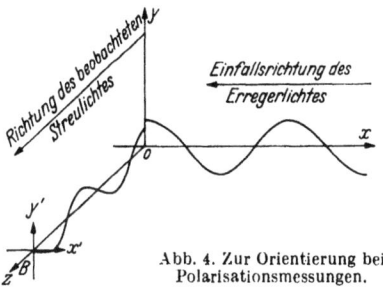

Abb. 4. Zur Orientierung bei Polarisationsmessungen.

das parallel y' [also parallel (π) zur Schwingungsebene des Erregerlichtes] bzw. parallel zu x' [also senkrecht (ϱ) zur Schwingungsebene] schwingt. Die Intensitäten seien $i(\pi)$ und $i(\sigma)$. Dann findet man für den Depolarisationsfaktor ϱ, definiert durch $\varrho = i(\sigma)/i(\pi)$, den Wert Null. An diesem Befund ändert sich auch nichts, wenn das Erregerlicht nicht linear polarisiert, sondern unpolarisiert ist, denn die induzierte elektrische Feldkraft schwingt stets senkrecht zur Fortpflanzungsrichtung, also in der y,z-Ebene und hat keine Komponente in der x-Richtung. Daher schwingt auch das streuende Moment des isotropen Moleküls nur in der y,z-Ebene und liefert bei B keine Komponente in der x-Richtung; wieder ist $i(\sigma) = 0$ und daher $\varrho = 0$.

Ist die Elektronenverschieblichkeit richtungsabhängig, das Molekül also anisotrop, dann hängt es von der Orientierung des Moleküls relativ zum schwingenden elektrischen Feld ab, ob das induzierte Moment in seiner Richtung mit der Feldrichtung übereinstimmt oder nicht. Im allgemeinen wird das nicht der Fall sein. Es treten dann im Streulicht Feldkomponenten auf, die in die x'-Richtung zu liegen kommen und bewirken, daß sowohl $i(\sigma)$ als ϱ von 0 verschieden sind.

Die Polarisierbarkeit eines anisotropen Moleküls wird durch die drei „Hauptpolarisierbarkeiten" α_1, α_2, α_3, deren Richtungen aufeinander senkrecht stehen, beschrieben. Ihre Ableitungen nach der „Normalkoordinate" q_i, die für die Intensität der Raman-Linien maßgebend sind, seien mit α_1', α_2', α_3' bezeichnet (also $\delta\alpha_1/\delta q_1 = \alpha_1'$ usw.). Es werden definiert als:

Mittlere Polarisierbarkeit:

$$a = 1/3\,(\alpha_1 + \alpha_2 + \alpha_3) \quad \text{bzw.} \quad a' = 1/3\,(\alpha_1' + \alpha_2' + \alpha_3').$$

Optische Anisotropie:

$$b = \sqrt{1/2\,[(\alpha_1-\alpha_2)^2 + (\alpha_2-\alpha_3)^2 + (\alpha_3-\alpha_1)^2]}$$
$$b' = \sqrt{1/2\,[(\alpha_1'-\alpha_2')^2 + (\alpha_2'-\alpha_3')^2 + (\alpha_3'-\alpha_1')^2]}\,.$$

Dann ist der Depolarisationsfaktor $\varrho \equiv i(\sigma)/i(\pi)$ gegeben durch:

$$\varrho = \frac{6\,b^2}{45\,a^2 + 7\,b^2} \quad \text{für die klassische Streuung,}$$

$$\varrho = \frac{6\,b'^2}{45\,a'^2 + 7\,b'^2} \quad \text{für die Raman-Streuung.}$$

Charakteristische Werte, die ϱ bei Bestrahlung mit unpolarisiertem Licht annehmen kann, sind:

Bei klassischer Streuung:

völlige Isotropie des Moleküls	$\alpha_1 = \alpha_2 = \alpha_3$;	$\varrho = 0$
völlige Anisotropie des Moleküls	$\alpha_1 = \alpha_2 = 0$;	$\varrho = 1/2$.

Bei Raman-Streuung:

	$b' = 0$;	$\varrho = 0$
	$a' = 0$;	$\varrho = 6/7$.

Zwischen dem ϱ-Wert einer Raman-Linie und der Symmetrieeigenschaft der zugehörigen Molekülschwingung besteht ein einfacher Zusammenhang: Zu totalsymmetrischen Schwingungen gehören polarisierte, zu antisymmetrischen oder entarteten Schwingungen depolarisierte oder „verbotene" Raman-Linien. Als „polarisiert" bezeichnet man die Linie, wenn $\varrho < 6/7$, als „depolarisiert" bezeichnet man sie, wenn $\varrho = 6/7$ ist.

β) **Die Intensität der Streulinie.** Die Raman-Strahlung ist von äußerst geringer Intensität. Sie blieb daher lange Zeit verborgen und wurde erst 1928 von C. V. RAMAN (4) experimentell nachgewiesen, nachdem sie schon 1923 von A. SMEKAL (5) vorausgesagt worden war. Da die Raman-Strahlung inkohärent ist, ist sie proportional der Zahl der streuenden Moleküle und damit der Dichte bzw. Konzentration der Substanz. Sie ist ferner abhängig von der Intensität des anregenden Lichtes und proportional der vierten Potenz der Erregerfrequenz (v_0^4); je kurzwelliger das Erregerlicht ist, um so intensiver ist das Raman-Spektrum.

In bezug auf die Kernschwingung hängt die Intensität von der Form (Symmetrie) und Amplitude ab. Mit wachsender Amplitude wächst die Intensität, während die Symmetrie der Schwingung es bewirken kann, daß die Intensität Null wird. Einen geringen Einfluß übt auch die Schwingungsfrequenz aus; die Intensität wächst mit abnehmender Frequenz. In bezug auf den Bindungszustand hängt die Intensität davon ab, ob und wie stark die streuenden Elektronen von der Kernschwingung beeinflußt werden; für ionogene Bindung verschwindet die Raman-Strahlung. Das Hauptanwendungsgebiet der Raman-Spektroskopie ist daher die organische Chemie. Erfahrungsgemäß streuen langkettige, unverzweigte Paraffine ohne Doppelbindungen schlecht. Kettenverzweigung erhöht die Streufähigkeit, ebenso Ringbildung und Doppelbindungen, vor allem konjugierte Doppelbindungen. Aromaten streuen sehr gut. Die Linienintensitäten der stärksten Raman-Linien sind z. B. für: n-Dodecan 0,106; 2,2,4-Trimethylpentan = 0,167; Cyclohexan = 0,435; 2-Methyl-1,5-hexadien = 0,372; 2-Methyl-1,3-butadien = 1,5; Benzol = 2,02, wenn man die Streufähigkeit von Tetrachlorkohlenstoff $v = 459$ cm^{-1} mit 1,000 festsetzt. Die blauverschobene Raman-Linie ist wesentlich schwächer als die rotverschobene mit gleicher Frequenz. Das läßt sich leicht verstehen, wenn man bedenkt, daß zur Erzeugung einer blauverschobenen Linie es notwendig ist, daß das Molekül zu Beginn des Streuprozesses sich im Schwingungszustand befunden haben muß, während des Streuprozesses zu schwingen aufhört und die Schwingungsenergie zugleich mit der eingestrahlten Energie hv_0 als Streuenergie $hv_0 + h\omega$ mit der blauverschobenen Frequenz $v_0 + \omega$ abstrahlt. Das Intensitätsverhältnis zwischen blau- und rotverschobener Linie J_b/J_r wird also wesentlich davon abhängen, wie groß der Prozentsatz der Moleküle ist, die sich im Schwingungszustand mit der Energie $E_p + h\omega$ befinden. Dieser Prozentsatz wird durch den Boltzmannschen Energieverteilungssatz geregelt; dieser gibt die Zahl der Moleküle, die sich nicht im Grundzustand E_p, sondern im angeregten Zustand $E_p + h\omega$ befinden, an durch:

$$N_{h\omega} = N e^{-(h\omega/kT)}.$$

N ist die Zahl der vorhandenen Moleküle, k die Boltzmann-Konstante, T die absolute Temperatur. Wegen des negativen Exponenten von e nimmt diese Zahl mit wachsender Schwingungsenergie $h\omega$ ab. Daher sind die blauverschobenen Linien der niederfrequenten Schwingungen intensiver als die der hochfrequenten Schwingungen. Molekülfrequenzen von über 500 cm^{-1} werden nur noch in wenigen Ausnahmefällen blauverschoben angeregt.

Ober- und Kombinationstöne beobachtet man selten im Raman-Effekt. Fällt aber zufällig ein Oberton mit einem höheren Grundton zusammen (z. B. $2\omega_1 \cong \omega_2$), dann schaukeln sich bei Gleichrassigkeit die beiden Schwingungen gewissermaßen auf, und die Intensität des Obertons wird mit der des Grundtons vergleichbar. Gleichzeitig tritt „Resonanzabstoßung" der beiden gleichfrequenten Schwingungen ein, und man erhält statt einer Linie deren zwei annähernd gleich starke (sog. „Fermi-Resonanz").

Der Einfluß der Temperatur auf die Intensität ist im allgemeinen gering, sofern dabei keine Änderung des Aggregatzustandes eintritt. Normalerweise wirkt Temperaturerhöhung linienverbreiternd. Auch die relative Intensität der blauverschobenen Linie nimmt mit steigender Temperatur zu.

γ) **Die Struktur der Streulinie.** Die klassisch gestreuten Erregerlinien sind bei Raman-Aufnahmen meist überexponiert und aus diesem Grunde verbreitert. Eine weitere Linienverbreiterung kommt durch die Molekülrotation, Gitterschwingungen im Kristall bzw. quasikristallinen Flüssigkeiten, Temperaturbewegung (Doppler-Effekt) und durch den Einfluß der zwischenmolekularen Kräfte zustande, so daß die unmittelbare Umgebung der Rayleigh-Linien einen starken Untergrund aufweist.

Auch die Raman-Linien sind nur in den seltensten Fällen scharf, im allgemeinen diffus und verbreitert. Normalerweise sind die zu symmetrischen Schwingungen gehörigen Linien schärfer als die zu antisymmetrischen und entarteten Schwingungen gehörigen. Meist ist der Schwärzungsverlauf so, daß die Linien nach Blau hin steiler abfallen als nach Rot. Von der Linienspitze an gerechnet ist die langwellige Seite durchschnittlich 20% breiter als die kurzwellige.

Die Ursachen für die Breite der Linien sind mannigfaltig: Da sich die schwingenden Moleküle gleichzeitig fortschreitend und drehend bewegen, entstehen Verbreiterungen durch Doppler-Effekt sowie durch ein Rotationsschwingungsspektrum, das sich bei der normalerweise verwendeten Dispersion nicht mehr auflösen läßt. Ein Teil der Moleküle enthält häufig Isotope (z. B. in CCl_4 sowohl Cl^{35} als auch Cl^{37}, in C_6H_6 sowohl C^{12} als auch C^{13}). Die Schwingungen der verschiedenen Molekülsorten unterscheiden sich in den Frequenzen nur wenig und werden nur selten getrennt, deshalb als Linienverbreiterung beobachtet. Die Anharmonizität der Schwingung kann ebenfalls Verbreiterung bewirken: Der Energiesprung vom angeregten Zustand in den nächsthöheren Anregungszustand ist etwas unterschiedlich von dem zwischen Grundzustand und erstem Anregungszustand. Auch die zwischenmolekularen Kräfte verursachen Verbreiterung. Die mit den Dichteschwankungen fluktuierenden elektrischen Felder überlagern sich über das innermolekulare Feld und bewirken Änderung der Frequenz und Symmetrie der Schwingung. Damit kann zusammenhängen, daß beim Übergang zum kristallinen Zustand die Linienschärfe meist zunimmt.

Da die Eigenbewegung der Moleküle mit steigender Temperatur zunimmt, so ist es verständlich, daß die Linienschärfe normalerweise mit zunehmender Temperatur abnimmt. Bei hochmolekularen Stoffen kann aber auch der umgekehrte Effekt dadurch eintreten, daß durch die Temperaturbewegung Assoziate zerstört werden, die bei niederen Temperaturen Anlaß zu einem starken Untergrund geben.

Das nur schwer vermeidbare Auftreten eines sich über ganze Wellenbereiche erstreckenden „kontinuierlichen Untergrundes" hat verschiedene Ursachen, die einzeln oder vereint ins Spiel kommen: Erstens gibt es kaum eine diskontinuierliche und zugleich intensive Lichtquelle, die nicht gleichzeitig auch ein kontinuierliches Spektrum ausstrahlt.

Bei starker klassischer Streuung treten das Linienspektrum und dieses kontinuierliche Spektrum verstärkt auf. Die Ursache hierfür kann eine nicht entfernbare Eigenschaft des Moleküls sein oder eine entfernbare der Versuchsanordnung (Reflexe) oder der Substanz (suspendierte Verunreinigungen, hohe Temperaturen, Schlieren und andere Eigenschaften, die die Substanz inhomogen machen).

Zweitens tritt an den Glasteilen des Spektrographen nicht nur Brechung auf, sondern auch diffuse Streuung, wodurch das Primärlicht nicht an einer Stelle der Platte konzentriert, sondern mehr oder weniger über den ganzen Spektralbereich gestreut wird.

Endlich kann die Substanz fluoreszent sein und bei Belichtung ein kontinuierliches Fluoreszenzspektrum ergeben.

B. Raman-Spektren von organischen Substanzen.

§ 8. Allgemeines.

Der Raman-Effekt ist zur Aufnahme von farblosen, niedermolekularen Flüssigkeiten gut geeignet. Weniger geeignet sind feste und teilweise im Sichtbaren absorbierende Substanzen. Völlig ungeeignet sind stark gefärbte und fluoreszierende Stoffe, kolloidale Lösungen und hochpolymere Flüssigkeiten. Ein großes Gebiet der organischen Chemie ist damit dieser Untersuchungsmethode zugänglich, während die Emissions-Spektralanalyse für die organische Chemie uninteressant ist, weil hier nur Elemente nachgewiesen werden, in der Raman-Spektralanalyse dagegen Radikale und Moleküle.

§ 9. Charakteristische Frequenzen.

Der Raman-Spektralanalyse sind mehr als 10000 Verbindungen zugänglich, von denen jede durchschnittlich 20—40 Linien gibt. Alle diese Linien fallen in einen Spektralbereich von nur wenigen hundert Ångström-Einheiten. Diese Tatsache bedeutet eine Erschwerung der Raman-Spektroskopie in bezug auf Zusammenhang zwischen Spektrallinie und Substanz. Eine wesentliche Erleichterung ergibt sich nun dadurch, daß es gewisse Linien gibt, die bei einer bestimmten Atomanordnung immer wieder mit der nahezu gleichen Frequenz auftreten und von dem übrigen Molekülteil kaum beeinflußt werden. Der Grund dafür liegt darin, daß die zugehörigen Schwingungen wegen zu großer Frequenzdifferenz zu andern Schwingungen des Moleküls mit diesen kaum koppeln können. Solche „charakteristischen Schwingungen" treten auf
1. bei besonderen Bindekräften: Doppel- und Dreifachbindungen,
2. bei abweichenden Massen der schwingenden Atome: in der Koh-

lenstoffchemie bei H, D, S, Cl, Br, J usw., die sich von der Masse der C-Atome, woraus das Gerüst aufgebaut ist, wesentlich unterscheiden, 3. bei besonderen Molekülkonfigurationen: z. B. aromatische, hydroaromatische und heterocyclische Ringe.

Die charakteristischen Frequenzen C—X werden dadurch ermittelt, daß man entweder die Spektren von Derivaten R—X mit *gleicher Kette* und verschiedenem X vergleicht, oder die von Derivaten R—X, bei denen bei *gleichem* C—X die Kettenlänge variiert wird. Beim ersten Verfahren sollten die Frequenzen der Kette, beim zweiten die der Bindung C—X konstant sein.

In Tabelle 1 sind charakteristische Frequenzen zusammengestellt. Dabei wurden u. a. Angaben von K. W. F. KOHLRAUSCH (2, 3) und M. R. FENSKE — D. H. RANK (6) verwertet. Von letzteren sind die Intensitätsangaben, die ausgemessene Bruchteile der Intensität von $CCl_4 = 459$ cm^{-1} bedeuten. ϱ bezeichnet den Polarisationsgrad: $\varrho = 0$ vollkommen polarisierte Linien, $0 < \varrho < 0,86$ polarisierte Linien, $\varrho = 0,86$ depolarisierte Linien.

Mit Hilfe solcher charakteristischer Frequenzen kann man die Stoffklasse verhältnismäßig leicht erkennen. Aus der genauen Lage dieser Frequenzen lassen sich detaillierte Folgerungen ziehen. Im folgenden sollen einige Stoffklassen im Zusammenhang besprochen werden.

Tabelle 1. *Gruppenfrequenzen* ($R = $ Alkyl $= C_nH_{2n+1}$; $Ar = $ Aryl $= C_6H_5$).

Gruppe	Frequenz in cm^{-1}	Intensität	ϱ	Molekül
R—C=C=CH R—C—C≡N	um 200	0,08—0,22	0,3—0,5	Acetylen- und Cyanabkömmlinge mit 4- und mehrgliedrigen Ketten
H—C≡C—R	340 und 630			Monosubstituierte Acetylene
R—C≡C—R	365			Disubstituierte Acetylene
⌬ (1,2,4)	465—476			1,2,4-trisubstituierte Aromaten
⌬ (1,2,3)	479—482	0,1	0,64—0,76	1,2,3-trisubstituierte Aromaten
C—J	480			$R_3C \cdot J$
C—J	490			$R_2HC \cdot J$
C—J	500			$RH_2C \cdot J$
C—J	522			$H_3C \cdot J$
C—Br	510			$R_3C \cdot Br$
C—Br	530			$R_2HC \cdot Br$
C—Br	560			$RH_2C \cdot Br$
C—Br	594			$H_3C \cdot Br$
C—Cl	570			$R_3C \cdot Cl$
C—Cl	610			$R_2HC \cdot Cl$
C—Cl	650			$RH_2C \cdot Cl$
C—Cl	710			$H_3C \cdot Cl$
C—SH	wie C—Cl			
O—NO	600			$R \cdot ONO$
⌬	610—623	0,1	0,65—0,88	Monosubstituierte Aromaten

Raman-Spektren von organischen Substanzen.

	638—641	0,1—0,18	0,7—0,9	1·3-disubstit. Aromaten
	770			β-substit. Naphthalin
C—C-Kette	670—1100			Verzweigte Paraffine
C—C-Kette	800—1100			n-Paraffine
	820—850			Monosubstit. Aromaten mit „einfachen" Substituenten (CH$_3$, NH$_2$, Cl ...)
C$_6$H$_{12}$	802			Cyclohexan
C$_5$H$_{10}$	886			Cyclopentan
	884—899			Mono-, 1,1-di-, 1,2-di-, 1,1,2-trisubstit. Cyclopentane
C$_4$H$_8$	1005			Cyclobutan
C$_3$H$_6$	1187			Cyclopropan
	990—995	0,45—0,7		1,3,5-trisubstit. Aromaten
	990—999	schwächer		1,3-di- und 1,2,3-trisubstit. Aromaten
	992—1007	0,55—0,9	0,1—0,2	Mono- und 1,3-disubstit. Aromaten
	1017—1035	0,1—0,28	0,1—0,2	Monosubstit. Aromaten
	1030—1050	0,23—0,45		1,2-disubstit. Aromaten
C=S	1050			
O—H	1110			ROH

Tabelle 1. (Fortsetzung.)

Gruppe	Frequenz in cm^{-1}	Intensität	ϱ	Molekül
⌬—R	1152—1178			Monosubstit. Aromaten
R—⌬—R	1183—1208	0,11—0,3		Monoalkyl- und 1,4-dialkylsubstit. Aromaten
⌬(R)(R)	1187—1200, 1300	0,15—0,35		1,3-dialkylsubstit. Aromaten Längere Ketten
⌬—R	1313—1330	0,015—0,11		Dialkylsubstit. Aromaten
⌬—CH$_3$	1373—1393			CH$_3$ am Ring
⬠O, ⬠NH, ⌬⌬	1380			Naphthalin, Cyclopentadien, Furan, Pyrrol und deren Derivate
H$_2$C=CHR, C—H	1410—1420, 1430—1470			H$_2$C=CHR und H$_2$C=CRR′ C—H
⬠O, ⬠NH	1500	stark		Cyclopentadien, Furan, Pyrrol und deren Derivate
⌬	1600			Aromaten
⌬(R)(R′), ⌬(R)(R′)	1584—1600 und 1600—1620			1,2-di-, 1,3-di- und 1,4-dialkylierte Aromaten
⌬(R)(R′)(R″)	1594—1601			1,2,3-trialkylierte Aromaten

R''―⬡―R / R''	1605—1618	1,3,5-trialkylierte Aromaten
R''―⬡―R,R' / R''	1618—1626	1,2,4-trialkylierte Aromaten
—NO₂	535, 1340 und 1520	Ar·NO₂
—NO₂	610, 1380 und 1550	R·NO₂
—NO₂	570, 1275 und 1623	RO·NO₂
N=O	1610	R·NO
N=O	1640	R·ONO
C=N	1630	Ar·HC=NH
C=N	1654	Ar·HC=NR
C=N	1654	R·(OR')C=NH
C=N	1660	R·HC=NOH
C=N	1665	RR'C=NOH
C=N	1670	R·HC=NR'
C=C	1621	H₂C=CH₂
C=C	1642	RHC=CH₂
C=C	1658	RHC=CHR cis
C=C	1674	RHC=CHR trans
C=C	1676	R₂C=CR₂
C=O	1652	R·CO·OH
C=O	1675	R·CO·NH₂
C=O	1690	NH₂·CO·OR
C=O	1710	R·CO·CH₃
C=O	1720	R·CO·H
C=O	1734	R·CO·OR

Tabelle 1. (Fortsetzung.)

Gruppe	Frequenz in cm⁻¹	Intensität	Molekül
$C=O$	1776		$Cl \cdot CO \cdot OR$
$C=O$	1792		$R \cdot CO \cdot Cl$
$C=O$	1745 u. 1804		$R \cdot CO \cdot O \cdot CO \cdot R$
$-N=N=N$	1276 u. 2104		$H_3C \cdot N=N=N$
$C\equiv C$	2100—2300		Acetylene
$C\equiv C$	2118		$HC\equiv CR$
$C\equiv C$	2215 u. 2240		$RC\equiv CR'$
$RC\equiv C-C\equiv CR'$	2251—2254		Höhersubstituierte Diacetylene
$C\equiv N$	2150		$RN\gtreqqless C$
$C\equiv N$	2150		$RSC\equiv N$
$C\equiv N$	2105 u. ~2180		$RN=C=S$
$C\equiv N$	2228		$C=C-C\equiv N$ und ⬡$-C\equiv N$
$C\equiv N$	2245		$R \cdot C\equiv N$
$Se-H$	2300		$R \cdot Se \cdot H$
$S-H$	2570		RSH
$C-H$	2790		$>N \cdot CH_3$
$C-H$	2800—3000		CH aliphatisch
$C-H$	3000—3100		$C=CH_2$
$C-H$	3000—3200		CH aromatisch
$C-H$	3310		$R \cdot C\equiv CH$
$N-H$	3307 u. 3356[1]		$RR'HC \cdot NH_2$
$N-H$	3310 u. 3372		$RH_2C \cdot NH_2$
$N-H$	3330		R_2NH
$N-H$	3335		$C=NH$
$C=NOH$	1660 u. 3350		$RHC=NOH$ und $RR'C=NOH$
$O-H$	3200—3600[2]		ROH

[1] Starke Frequenzerniedrigung im Ion NH_4 oder $R \cdot \overset{+}{N}H_3$.
[2] ~3400 als schwaches, breites Band, das bei den höheren Alkoholen fehlt.

§ 10. Paraffine C_nH_{2n+2}.

a) Geradkettige Paraffine. Die Spektren aller gesättigten Kohlenwasserstoffe lassen sich in vier Frequenzbereiche abgrenzen:

1. Zwischen 2700 und 3100 die ν(CH)-Valenzfrequenzen, das sind Schwingungen der H-Atome gegen die C-Atome.

2. Zwischen 1100 bis 1500 cm^{-1} die δ(CH)-Deformationsfrequenzen, das sind Knickschwingungen, die die winkelerhaltenden Kräfte beanspruchen.

3. Zwischen 700 und 1100 cm^{-1} in der Hauptsache Kettenfrequenzen, d. h. Valenzschwingungen der C-Atome.

4. Die Deformationsfrequenzen der offenen Ketten (Knickschwingungen), die im allgemeinen tiefer als 500 cm^{-1} liegen. In

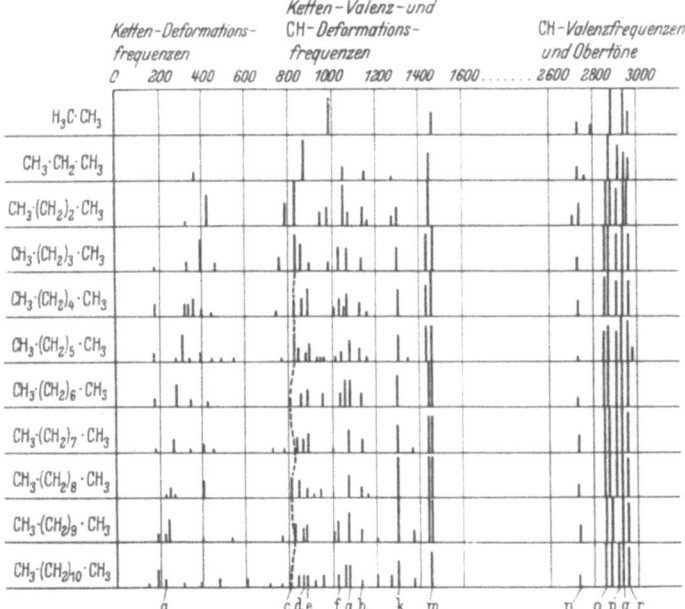

Abb. 5. Schwingungsspektren der unverzweigten Paraffine C_2-C_{12}.

Abb. 5 sind die Schwingungsspektren der unverzweigten Paraffine von C_2 bis C_{12} wiedergegeben. Man sieht, wie das Gebiet der Kettendeformationsfrequenzen sich deutlich abhebt gegen das der Ketten-

Valenz- und C—H-Deformationsfrequenzen, die ineinander übergehen. Zwischen diesen und den C—H-Valenzschwingungen ist eine große „spektrale Lücke". Nicht verzweigte Paraffine besitzen keine oder nur sehr schwache C—C-Valenzschwingungen unter 800 und zwischen 930 und 990 cm^{-1}; außerdem ist auch das Gebiet zwischen 1300 und 1430 cm^{-1} frei von starken Linien. Die nach K. W. F. KOHLRAUSCH mit den Buchstaben $d, e, f, g, h, k, m, n, o, p, q$ und r gekennzeichneten Linien zeichnen sich durch eine bemerkenswerte Lagekonstanz aus. Die mittleren Frequenzen dieser Linien sind: $d = 866$ (3), $e = 893$ (4), $f = 1037$ (3), $g = 1073$ (4b), $h = 1134$ (3), $k = 1301$ (6b), $m_1 = 1440$ (6b), $m_2 = 1457$ (7b), $n = 2725$ (4b), $o_1 = 2852$ (13), $o_2 = 2874$ (13), $p = 2902$ (12), $q = 2932$ (11), $r = 2961$ (9) cm^{-1}. Die Linie a zeigt einen regelmäßigen Gang. Dieser ermöglicht es, aus der Frequenz auf die Kettenlänge zu schließen. Die tiefste Kettenvalenzfrequenz c nimmt von C_2H_6 bis C_4H_{10} ab und beginnt dann zu oszillieren. Die Frequenzen von c in den ungeraden Ketten liegen stets höher als die der benachbarten geraden.

In Tabelle 2 sind die Frequenzen der Linien a und c zusammengestellt.

Tabelle 2.

Die von der Kettenlänge abhängigen Linien der unverzweigten Paraffine

	a	c
C_5H_{12}	334 (2b)	837 (4)
C_6H_{14}	318 (2b)	820 (5b)
C_7H_{16}	309 (5)	836 (3, doppelt)
C_8H_{18}	281 (5)	810 (2b)
C_9H_{20}	261 (5b)	835 (4, doppelt)
$C_{10}H_{22}$	243 (3b)	820 (2b)
$C_{11}H_{24}$	245 (4b)	828 (3b)
$C_{12}H_{26}$	234 (2b)	808 (1), 840 (3)

(2:6)

β) **Verzweigte Paraffine.** Alle einfach verzweigten Paraffine enthalten die Gruppen $\overset{H}{\underset{C}{C-C-C}}$ und besitzen Frequenzen von etwa 430 cm^{-1}, 830 cm^{-1} und 1160 cm^{-1}. Eine Frequenz von etwa 1350 cm^{-1}, die eine Knickschwingung der einzigen C—H-Gruppe darstellt, fehlt in manchen 3-Äthylverbindungen. Bei 2-Methylkohlenwasserstoffen spaltet 1160 cm^{-1} auf in 1150 cm^{-1} und 1175 cm^{-1}, dafür treten Frequenzen bei 950 cm^{-1} und 965 cm^{-1} auf. In 3-Methyl- und 3-Äthylkohlenwasserstoffen beobachtet man zwei Frequenzen im Bereich von 870 bis 900 cm^{-1} und 1040 bis 1050 cm^{-1}.

Die doppelt verzweigten Paraffine mit der charakteristischen

Gruppe
$$\begin{array}{c} \text{C} \\ | \\ \text{—C—C—C—} \\ | \\ \text{C} \end{array}$$
zeigen in allen Molekülen Frequenzen von

etwa 730 cm^{-1} und 1190 bis 1250 cm^{-1}. Die Linie 730 cm^{-1} fällt auf durch ihre große Intensität und ihren starken Polarisationsgrad. Eine Frequenz von 910—930 cm^{-1} kann verschwinden, wenn weniger als zwei Methylgruppen am Zentralkohlenstoffatom sitzen. Gleichzeitig treten bei den 3-Methyl- und 3-Äthylkohlenwasserstoffen neue Linien bei 880 cm^{-1} und 1030 cm^{-1} auf.

Die niedrigste Kettenfrequenz zwischen 650 und 850 cm^{-1} ist für die Verzweigungsart charakteristisch. Sie beträgt z. B. bei den Kohlenwasserstoffen mit

2-Methyl	820 cm^{-1}
3-Methyl	820 cm^{-1}
3-Äthyl	830 cm^{-1}
2,2-Dimethyl	750 cm^{-1}
3,3-Dimethyl	725 cm^{-1}

Bei noch stärkerer Verzweigung (3-, 4- oder 5-Methylgruppen) liegt diese Frequenz unter 760 cm^{-1}, und zwar besonders tief bei quartären C-Atomen, dort wieder, je weiter dieses quartäre C-Atom in der Kettenmitte steht. Treten zwei quartäre C-Atome auf, dann liegt diese Frequenz noch relativ hoch (730—760 cm^{-1}), wenn diese beiden C-Atome an den beiden Molekülenden stehen, dagegen sehr tief (650—680 cm^{-1}), wenn eins oder beide mittelständiger sind. Eine gewisse Schwierigkeit besteht jedoch darin, daß in diesem Frequenzbereich auch Linien auftreten können, die nicht zu Kettenfrequenzen gehören. In der Analyse ist es dann nicht leicht, diese Schwingungen von Kettenfrequenzen zu unterscheiden (7).

§ 11. Substituierte Paraffine.

α) **Allgemeines.** Man hat beobachtet, daß sich am Kettenspektrum eines Paraffins nur wenig ändert, wenn eine endständige Methylgruppe durch NH oder NH$_2$ bzw. eine nicht endständige Methylengruppe durch O oder NH ersetzt wird. Ebenso ist der

Unterschied beim Kettenspektrum von RCl und RSH oder von RBr und RSeH nur sehr gering. Die Frequenzen solcher Ketten lassen sich nicht mehr der Schwingung vorwiegend *einer* Bindung zuordnen, sondern nur noch Schwingungen des ganzen Systems. Die nahezu gleich schweren und „isosteren" (gleiche Summe der Kernladungen und daher gleiche Zahl der Außenelektronen) einwertigen Radikale H_3C, H_2N, HO einerseits sowie die zweiwertigen Radikale H_2C, HN, O andererseits können somit gegeneinander ausgetauscht werden, ohne daß der Typus des Kettenspektrums dabei eine wesentliche Änderung erfährt. Die Entscheidung, ob es sich z. B. um einen Alkohol, ein Amin oder ein Merkaptan handelt, wird spektroskopisch erst durch das Auftreten der zu einer inneren Schwingung der nicht-einheitlichen Gruppe gehörigen Frequenzen getroffen. Die inneren X—H-Frequenzen, die aus Tab. 1 zu entnehmen sind, unterscheiden sich dagegen meistens stark von den Paraffinfrequenzen.

Es hat sich nun gezeigt, daß eine Verdoppelung oder Vervielfachung dieser charakteristischen C—X-Valenzfrequenz stets und nur dann eintritt, wenn sich infolge Betätigung der sogenannten „freien Drehbarkeit" räumlich verschiedene Formen der Kette ausbilden können. Die Verdoppelung fehlt im Methyl-, Äthyl-, Isopropyl- und tertiär-Butylderivat, das sind jene Formen, deren räumliches Kettengerüst starr ist; in allen anderen Fällen sind die Ketten unstarr und können verschiedene Raumformen annehmen. Diese Regel gilt für den Fall, daß X ein einheitlicher Substituent (Cl, Br, J) ist. Für uneinheitliche Substituenten (X = SH, SeH...) kann die Verdoppelung auch bei Äthylderivaten auftreten und bei langkettigeren Verbindungen ausbleiben (2).

β) **Alkohole.** Bei den *Alkoholen* ist zu beachten, daß die Valenzfrequenz der schlecht streuenden OH-Gruppe $\nu(OH) \sim 3400$ cm^{-1} in längeren Ketten meist nicht mehr beobachtet wird, so daß der Unterschied zwischen den Alkoholen und Paraffinen verwischt wird. Die Knickschwingung $\delta(OH) \sim 1110$ cm^{-1} wird nur im flüssigen Zustand beobachtet. Die in Abb. 5 mit *a* bis *r* bezeichneten Linienzüge lassen sich wiederfinden. Auch das Oszillieren der Linie *c* macht sich wieder bemerkbar. Für das Oszillieren ist jedoch die C—C-Kette allein maßgeblich, die OH-Gruppe darf bei der Abzählung, ob eine geradzahlige oder eine ungeradzahlige Kette vorliegt, als gleichwertiges Kettenglied nicht mitgezählt werden (2).

γ) **Halogenderivate.** Die Fluoride sind bisher noch wenig untersucht worden, dagegen sind die Spektren vieler Alkylchloride, -bromide und -jodide gut bekannt.

Die C—X-Frequenzen (X = Halogen) fallen im Spektrum der unverzweigten primären Derivate R · CH_2 · X durch ihre Lagekonstanz und ihre Intensität auf. Mit Ausnahme des Äthylderivats, wo nur die niedere C—X-Frequenz auftritt, zeigen alle anderen starken Linien bei 652 (4) und 724 (2) für X=Cl, 563 (7) und 644 (3) für X=Br sowie 503 (20) und 594 (9) für X=J. Das Intensitätsverhältnis zwischen den beiden Linien ist etwa 2,2:1. Beim Übergang von X=Cl zu Br zu J steigt die Intensität der C—X-Frequenz stark an (etwa im Verhältnis 1:2:5), und der Frequenzabstand zwischen den beiden C—X-Frequenzen nimmt zu. Kettenverzweigung in β-Stellung zum Halogen läßt die niedere der beiden Frequenzen ansteigen, während die höhere konstant bleibt. Gleichzeitig verschiebt sich das Intensitätsverhältnis so, daß nun die höhere Frequenz die stärkere ist.

Die sekundären Alkylhalogenide zeigen niedere C—X-Frequenzen: 610 für X=Cl, 535 für X=Br und 490 für X=J. Diese fallen bei den tertiären Alkylhalogeniden noch etwas ab: 570, 515, und 487. Der Abfall zu niederen Frequenzen nimmt zu in der Richtung von J über Br zu Cl.

Nicht so einfach wie bei den Monohalogenderivaten liegen die Verhältnisse bei den Dihalogeniden. Stehen zwei gleichartige Halogene X am selben C-Atom, dann beobachtet man zwei starke C—X-Frequenzen, die im Vergleich zu den C—X-Frequenzen der Monohalogenide erniedrigt sind. Die Erniedrigung nimmt zu in Richtung Chloride, Bromide, Jodide und ist bei 2,2-Dihalogeniden stärker als bei 1,1-Dihalogeniden. Mit zunehmender Kettenlänge und Kettenverzweigung steigt die Zahl der in diesem Frequenzbereich beobachteten Linien. Stehen die beiden Halogene nicht am gleichen C-Atom, dann sind Rotationsisomere möglich, und die Zahl der C—X-Frequenzen wächst dementsprechend an (2).

d) **Schwefelverbindungen.** Die Spektren der Merkaptane unterscheiden sich von denen der entsprechenden Chloride nur sehr wenig. Charakteristisch ist das Auftreten einer starken Frequenz von 2570 cm^{-1}. Die tiefe R–Cl-Frequenz von 652 cm^{-1} findet man in fast gleicher Höhe auch bei den analogen Merkaptanen RSH. Die höhere RCl-Frequenz 724 cm^{-1} beobachtet man dagegen nicht immer so eindeutig. Häufig werden bei den Merkaptanen in diesem Bereich zwei Frequenzen gefunden. Der Abfall der tiefen RSH-Frequenz beim Übergang zu den sekundären und tertiären Verbindungen tritt genau wie bei den Halogeniden auf, nur etwas schwächer als dort: 617 cm^{-1} für die sekundären und 587 für die tertiären Verbindungen.

Bei den Alkylsulfiden fehlt natürlich die starke SH-Frequenz 2570 cm^{-1} der Merkaptane. C—S-Frequenzen werden bei 635 und 660 cm^{-1} beobachtet. Die Polysulfide bestehen im wesentlichen aus einer Überlagerung kräftiger Linien bei 480 cm^{-1} über das Spektrum der entsprechenden Monosulfide. In den Sulfonaten finden sich kräftige und einigermaßen lagebeständige Frequenzen bei ~540, 780 und 1180 cm^{-1}, in den Sulfinaten bei ~630, 950 und 1035 cm^{-1} (2).

ε) **Die C=O-Bindung: Ketone, Aldehyde, Säuren, Säureanhydride, Säureester, Säurehalogenide, Säureamide.** Den aliphatischen Ketonen, Aldehyden, Säuren, Säureanhydriden, Säureestern, Säurehalogeniden und Säureamiden sind der paraffinische Rest R und die C=O-Doppelbindung gemeinsam. Verbindungen dieser Klasse wurden eingehend von K. W. F. KOHLRAUSCH (2) untersucht.

Die zur Kette R gehörigen Frequenzen ähneln sehr den für die gesättigten Paraffine gültigen Zahlen. Die Kettenlänge läßt sich wie bei den Paraffinen an Hand des Ganges der dafür charakteristischen Deformationsfrequenz von $\nu < 400$ cm^{-1} abschätzen. Tabelle 3 gibt einen Überblick über diese Frequenzen mit der durchschnittlichen Abweichung vom Mittelwert und der gemittelten relativen Intensität.

Tabelle 3.
Die für die Kettenlänge charakteristische Deformationsfrequenz der Seitenkette R in den Molekülen R · CO · X

R	cm^{-1}
C_3H_7 n	323 ± 15 (2,7)
C_4H_9 n	298 ± 13 (1,6)
C_5H_{11} n	--
C_6H_{13} n	269 ± 10 (0,6)
C_7H_{15} n	256 ± 7 (0)
C_8H_{17} n	253 ± 10 (0)
C_9H_{19} n	240 ± 5 (0,5)

Die genaue Lage der C=O-Doppelbindungslinie (Mittelwert 1720 cm^{-1}) läßt erkennen, ob sie zu einer Säure, einem Säureamid, Keton, Aldehyd, Ester, Säurehalogenid oder -anhydrid gehört. Als Mittelwerte der C=O-Frequenzen ergeben sich:

Für die Säuren (flüssig)	R · CO · OH	1652 cm^{-1}
Für die Säureamide (kristallisiert)	R · CO · NH$_2$	1675
Für die Methylketone	R · CO · CH$_3$	1710
Für die Aldehyde	R · CO · H	1720 (1390 = δ CH)
		2720 u. 2820 = ν CH)

Für die Säureester	R · CO · OR	1734
Für die Säurechloride	R · CO · Cl	1792 (431)
Für die offenen Säureanhydride	R · CO · O · CO · R	1745 und 1804

Die Art des Substituenten X in der Verbindung R · CO · X läßt sich demnach aus der Frequenzhöhe erkennen. Von X = CH_3 ausgehend, erniedrigen X=NH_2 und OH die Frequenz der C=O-Bindung, X=OR oder Halogen dagegen erhöhen sie. Tabelle 4 gibt einen Überblick über den Einfluß von R auf die C=O-Frequenz.

Tabelle 4.
Die C=O-Frequenz in Molekülen R · CO · X

R \ X	H 1	CH_3 2	C_2H_5 3	n C_3H_7 4	n C_4H_9 5	n C_5H_{11} 6
OH	1656 (5)	1663 (2)	1651 (3)	1654 (2)	1652 (2)	1653 (2)
NH_2	1674 (4)	1672 (00)	1671 (1)	1673 (1)	1686 (1)	0
CH_3	1720 (3)	1706 (5)	1711 (3)	1710 (3)	1709 (3)	1709 (2)
H	—	1720 (3)	1722 (3)	1718 (3)	1717 (3)	1720 (1)
OCH_3	1717 (6)	1735 (3)	1735 (3)	1734 (3)	1733 (3)	1739 (2)
Cl	0	1798 (4)	1786 (3)	1791 (2)	1792 (3)	1794 (2)

R \ X	i C_3H_7 7	sek. C_4H_9 8	tert. C_4H_9 9	tert. C_5H_{11} 10	C_6H_5 11	H_2C–CH·CH 12
OH	1651 (1)	1647 (1)	1646 (1)	1641 (1)	1647 (3)	1652 (2)
NH_2		0	0	0	1652 (3)	1658 (12)*
CH_3	1709 (4)	1708 (3)	1702 (6)	1701 (3)	1678 (12)	1668 (14)
H	1721 (3)	1718 (3)	1721 (2)	1725 (3)	1696 (15)	1685 (17)
OCH_3	1734 (3)	1733 (3)	1729 (3)	1728 (2)	1718 (10)	1715 (2)
Cl	1803 (2)	1788 (2)	1774 (2)	1790 (1)	{1727 (7) / 1768 (11)}	{1744 (4) / 1761 (7)}

— = Linie fehlt, 0 = nicht bearbeitet, * = N-dimethyliert.

Variation der gesättigten Seitenkette R ist fast ohne Einfluß auf die C=O-Frequenz. Verzweigung der Kette in α-Stellung (Spalte 7–10) bewirkt im allgemeinen eine schwache Frequenzerniedrigung (die Aldehyde bilden Ausnahmen). Konjugation zwischen C=O- und C=C- (Spalte 12) erniedrigt erstens die Frequenz und erhöht zweitens meist ihre Intensität stark. Die gleiche Wirkung hat der Phenylrest C_6H_5 (Spalte 11), der sich demnach in dieser Hinsicht wie eine ungesättigte Gruppe verhält.

Der Einfluß der Substituenten X auf die C=O-Frequenz in den Estern X · CO · OR ist von gleicher Art wie bei den Molekülen R · CO · X, sofern X nicht durch eine CH_2- bzw. $CH(CH_3)$- oder $C(CH_3)_2$-Gruppe von CO getrennt ist. Diese Gruppen schirmen die Wirkung von X ab, wie die folgenden gemittelten Zahlen zeigen:

	X = NH$_2$	X = CH$_3$	X = Cl
X · CO · OR	1690	1736	1776
X in α-Stellung	1729	1729	1738

Während die Substitution eines α-H-Atoms durch Methyl nur eine geringe Depression der C=O-Frequenz bewirkt, können andere Substituenten, z. B. Cl oder CO · OR, merkliche Frequenzerhöhungen hervorrufen:

H$_3$C · CO · OR	1736 cm^{-1}
H$_3$C · H$_2$C · CO · OR	1731 cm^{-1}
ClH$_2$C · CO · OR	1747 cm^{-1}
Cl$_2$HC · CO · OR	1750 cm^{-1}
Cl$_3$C · CO · OR	1763 cm^{-1}
RO · CO · H$_2$C · CO · OR	1742 cm^{-1}
(RO · CO)$_2$HC · CO · OR	1752 cm^{-1}
(RO · CO)$_3$C · CO · OR	1754 cm^{-1}

Bei den Säureanhydriden verdoppelt sich die C=O-Frequenz: Mittelwerte 1745 und 1804 cm^{-1}.

Bei den Säuren sind die Verhältnisse etwas komplizierter, weil diese in mehreren Formen aufzutreten vermögen:

1. monomer $R \cdot C\begin{smallmatrix}O\\OH\end{smallmatrix}$ 2. dimer $R \cdot C\begin{smallmatrix}O\cdots H-O\\O-H\cdots O\end{smallmatrix}C \cdot R$

3. ionisiert $R \cdot C\begin{smallmatrix}O^-\\O\end{smallmatrix}$.

Alle diese Formen unterscheiden sich durch ihre Raman-Spektren. Im flüssigen Zustand sind die Fettsäuren dimer. Die Abstände der beiden O-Atome der Carboxylgruppe vom C-Atom sind nicht gleich. Erst beim Übergang zum Ion erfolgt völliger Ausgleich der beiden Bindungen. Dies macht sich im Spektrum dadurch bemerkbar, daß die Säure-C=O-Frequenzen 1650 und 1720 verschwinden und an ihre Stelle eine meist starke, polarisierte (Doppel-)Linie um 1400 und eine meist schwache, häufig nicht beobachtete, wahrscheinlich depolarisierte breite Linie um 1600 auftreten. Umgekehrt wird die Dimerisierung in Dampfform bei zunehmender Verdünnung durch ein Lösungsmittel oft aufgehoben. Im Spektrum verschwindet dann die Linie um 1650 zugunsten einer Linie um 1720.

§ 12. Olefine.

Über die Olefinspektren hat J. GOUBEAU ausführlich berichtet (8). Es hat sich gezeigt, daß die Art des Substituenten an der C=C-Bindung wesentlich ist für die Höhe der Frequenz.

α) **Unverzweigte α-Olefine.** Bei der Untersuchung von unverzweigten α-Olefinen stellte es sich heraus, daß Frequenzen des einfachsten Vertreters, des Propens, nahezu völlig unverändert bleiben, wenn die CH_3-Gruppe durch andere aliphatische Reste ersetzt wird. Diese Linien gehören teilweise zu den stärksten Linien des Spektrums. Es kann sich dabei nur um Schwingungen des gebundenen Radikals $H_2C=CH-CH_2-$ handeln. Diese gehen keine Kopplung mit den Kettenschwingungen ein und werden „konstante Frequenzen" genannt. Die „konstanten Frequenzen" der α-Olefine sind: 435 (3), 631 (2), 911 (5), 992 (1), 1298 (11), 1415 (5), 1642 (11), 2998 (8) und 3079 (5) cm^{-1}. Davon sind die Linien 1298, 1415, 1642, 2998 und 3079 cm^{-1} besonders konstant. Beim einfachsten Vertreter, dem Propen, sind die Abweichungen am größten: 580 statt 631; 1647 statt 1642 $\pm$ 1 cm^{-1}.

Es hat sich ferner gezeigt, daß die Schwingungen der an der Doppelbindung hängenden Alkylradikale auch ihrerseits nur wenig beeinflußt werden. Das gilt vor allem für die längeren Ketten, deren Spektren mit denen der Paraffine weitgehend übereinstimmen. Wie dort gelten auch hier bestimmte Gesetzmäßigkeiten zwischen Kettenlänge und Spektrum. Das wird besonders deutlich am Beispiel der „höchsten Kettenfrequenz" in der Gegend von 1100 cm^{-1} (Kettenfrequenzen liegen zwischen 700 und 1100 cm^{-1}), wie Tabelle 5 zeigt.

Tabelle 5.

Höchste Kettenfrequenz gleicher Alkylradikale in verschiedenen Verbindungen

R	$H_2C=CHR$	⟨ ⟩—R	Cl	Br	$R-C\equiv C-R'$	Mittel
C_2	1068	1064	1071	1069	1065	1067
C_3	1096	1093	1103	1086	1100	1096
C_4	1105	1103	1106	1100	1104	1104
C_5	1110	1103	1113	1102	1111	1110
C_6	1112	1118	1110	—	1116	1115
C_7	1116	—	1115	1113	—	1115
C_8	1116	—	1112	—	1115	1114
C_9	1120	—	1115	—	—	1118
C_{10}	1119	—	1117	—	—	1118
C_{11}	1124	—	—	—	—	1124
C_{12}	—	1120	—	—	—	1120
C_{13}	1129	—	—	—	—	1129
C_{15}	1130	—	—	—	—	1130
C_{16}	—	1124	—	—	—	1124
C_{17}	1128	—	—	—	—	1128
C_{19}	1133	—	—	—	—	1133

Daneben zeigen die Spektren alle die Hauptlinien und Gesetzmäßigkeiten, die K. W. F. KOHLRAUSCH für die unverzweigten Ketten angibt: Die von der Kettenlänge abhängige Linie a zeigt nahezu gleiche Frequenzen wie bei den n-Paraffinen mit gleicher Zahl von C-Atomen. Stärkere Abweichungen ergeben sich nur bei den niederen Gliedern bis ungefähr C_5. Für die tiefste Kettenfrequenz (c) (etwas über 800 cm^{-1}) beobachtete man das gleiche Oszillieren zwischen niedern Werten bei den geradzahligen Ketten und etwas höheren bei den ungeradzahligen. Auch die Linien d, e sowie $k-r$ finden sich nahezu unverändert. Lediglich die Linie h bei 1134 cm^{-1} tritt nicht oder nur sehr schwach auf, und bei den Linien $f = 1037$ und $g = 1073$ cm^{-1} ergeben sich Abweichungen.

Man kann die Spektren der α-Olefine sich entstanden denken aus den „konstanten Schwingungen" der H$_2$C=CH—CH$_2$-Gruppe und den Schwingungen des entsprechenden Alkylradikals. Die Richtigkeit dieses „Baukastenprinzips" ergibt sich aus der Tatsache, daß z. B. die Schwingungen der Tabelle 5 nicht nur bei den α-Olefinen auftreten, sondern auch bei den Alkylbenzolen, bei den Chloriden, Bromiden, bei Acetylenen und auch bei den β- und γ-Olefinen, wie Tabelle 6 zeigt. Die Abweichungen liegen fast innerhalb der Fehlergrenze. Daraus kann man schließen, daß die Radikalgruppe so schwingt, als wäre sie immer gleichartig befestigt.

β) **Verzweigte α-Olefine.** Auch bei den verzweigten α-Olefinen finden sich „konstante Frequenzen" vor, und zwar nahezu die gleichen wie bei nicht verzweigten α-Olefinen. Die geringfügigen, aber sicher nachweisbaren Unterschiede zeigen eine bestimmte Abhängigkeit von der Art der Kettenverzweigung. Bei einer Kettenverzweigung am C-Atom 4 oder höher von der Doppelbindung aus gerechnet finden sich sämtliche „konstanten Frequenzen" der unverzweigten α-Olefine wieder innerhalb einer Fehlergrenze von ± 2 cm^{-1}. Nur die Deformationsschwingung bei 435 cm^{-1} wird im Mittel bei 427 cm^{-1} gefunden. Die Erniedrigung dieser Frequenz ist um so stärker, je näher die Verzweigung an der Doppelbindung liegt. Im 7-Methylokten-1 besitzt die Linie bereits wieder ihre normale Frequenz.

Bei Verzweigung am C-Atom 3 treten etwas größere Unterschiede auf. Die Linie 631 tritt nicht mehr auf, dafür eine bei 675. Die Linie wird verschoben von C=C—C 580 über C=C—C—C 631 nach C=C—C—C 675 cm^{-1}. Auch 435 cm^{-1} verschwindet.

C

Die „höchsten Kettenfrequenzen" der unverzweigten α-Olefine finden sich auch bei den verzweigten wieder, und zwar von ähnlicher Frequenzhöhe wie dort für Radikale mit gleicher Kohlenstoffzahl. Die Verzweigung wirkt sich in einer leichten Erhöhung der Frequenzwerte aus, die um so ausgesprochener wird, je weiter die Verzweigung von der Doppelbindung abrückt.

Tabelle 6.

Höchste Kettenfrequenzen von unverzweigten und verzweigten α-Olefinen in Abhängigkeit von der gegenseitigen Lage der Verzweigungsstelle und Doppelbindung

Radikal	unverzweigt	Abzweigungsstelle von der Doppelbindung ab am C-Atom				
		1	2	3	4	5
C_3	1097	1100				
C_4	1106	1108	1115			
C_5	1110	1112		1124		
C_6	1112	1112			1124	
C_7	1116	1116				1129

γ) **Olefine mit mittelständiger Doppelbindung (cis- und trans-Konfiguration).** Die cis- und trans-Konfiguration unterscheiden sich weitgehend in ihren Schwingungen, wie Tabelle 7 zeigt.

Tabelle 7.

Abhängigkeit der konstanten Schwingungen unverzweigter Olefine mit mittelständiger Doppelbindung von der Lage der Doppelbindung. Die Zahlen über den Reihen geben die Stellung der Doppelbindung in der Kette an

cis-Konfiguration			trans-Konfiguration		
2	3	höher als 3	2	3	höher als 3
299 (3)	292 (3)	297 (3)	207 (2)	213 (2)	212 (1)
418 (4)	407 (2)	407 (4)	492 (4)	471 (2)	481 (2)
580 (2)	588 (1)	593 (1)	743 (3)	740 (1)	741 (2)
695 (1)	712 (1)	705 (1)	809 (1)	813 (3)	803 (1)
885 (4)	900 (5)	895 (6)	885 (4)	900 (5)	895 (6)
968 (4)	970 (6)	971 (8)	1031 (4)	1024 (4)	1010 (1)
1260 (7)	1267 (11)	1265 (13)	1302 (8)	1304 (8)	1301 (10)
1378 (4)	1375 (3)	1372 (1)	1378 (4)	1375 (3)	1372 (1)
1657 (8)	1655 (14)	1654 (14)	1672 (8)	1671 (10)	1668 (12)
3017 (6)	3010 (9)	3006 (6)	3004 (4)	2997 (4)	2998 (5)

Wie man sieht, sind die „konstanten Frequenzen" von der Lage der Doppelbindung ziemlich unabhängig. Die Abweichungen liegen kaum außerhalb der Fehlergrenze und sind für die C—H-Schwingungen um 3000 cm^{-1} noch am größten.

Die übrigen Frequenzen eines Olefinspektrums müssen zu Schwingungen der Alkylradikale gehören. Diese sind praktisch die gleichen wie in den entsprechenden Spektren der α-Olefine.

Auch die Spektren der verzweigten Olefine mit mittelständiger Doppelbindung setzen sich zusammen aus den „konstanten Frequenzen" der symmetrisch substituierten Doppelbindung und aus denen der Alkylradikale. Die „konstanten Frequenzen" der Doppelbindung werden ähnlich wie bei den α-Olefinen durch die Verzweigung kaum beeinflußt.

d) **Unsymmetrisch disubstituierte Äthylene.** In dieser Gruppe finden sich ebenfalls die Frequenzen des einfachsten Vertreters, des Methylpropens, nahezu unverändert in allen Vertretern wieder, vor allem in den unverzweigten. Im Falle einer Verzweigung zeigen sich wieder geringfügige Änderungen einiger Frequenzen (1002 → 995, 1414 → 1399, 3078 → 3086) cm^{-1}, während andere größere Unregelmäßigkeiten aufweisen. Vor allem spricht die Doppelbindungslinie 1653 cm^{-1} selbst deutlich auf die Verzweigung an (1653 → 1643), eine Tatsache, die bei den bisherigen Klassen der Olefine nicht beobachtet wurde.

Die mittleren Frequenzen des Systems $\begin{matrix} H \\ H \end{matrix} \!\!>\!\! C\!=\!C\!<\!\! \begin{matrix} C \\ C \end{matrix}$ sind 261 (2), 394 (4), 434 (4), 703 (2), 804 (10), 888 (5), 1002 (2), 1383 (4), 1414 (8), 1653 (12), 2987 (10) und 3078 (6) cm^{-1}.

Bei Verzweigung zeigen 394, 434, 703 und 804 cm^{-1} die größten Unregelmäßigkeiten, deren Charakter noch nicht mit Sicherheit erfaßt werden konnte.

Zieht man auch in dieser Gruppe von Olefinen die „konstanten Linien" der unsymmetrisch disubstituierten Äthylene von dem Spektrum ab, so zeigt sich, daß die restlichen Frequenzen der Alkylradikale nicht mit den Linien der entsprechenden Radikale übereinstimmen wie in den mono- und symmetrisch disubstituierten Olefinen. Offensichtlich beeinflussen und verändern sich die Schwingungen der Alkylradikale gegenseitig, wenn sie an der gleichen Seite der Doppelbindung stehen. Die Frequenzen dieser Radikale besitzen eine größere Ähnlichkeit mit dem Radikal, das ein C-Atom mehr enthält, wie besonders deutlich am Beispiel der „höchsten Kettenfrequenz" gezeigt werden kann:

Tabelle 8.
Höchste Kettenfrequenzen von Alkylradikalen in α-, β-Olefinen und unsymmetrisch disubstituierten Äthylenen

R	C·C—R	C—C·C—R	R—C·C—R	$C \cdot C{<}^R_R$
C_2	1068	1068	1067	1086
C_3	1096	1095	1095	1102
C_4	1106	1106	1102	—
C_5	1110	1108	—	—
C_6	1112	1115	—	1115
C_7	1117	—	1114	—

ϵ) **Trisubstituierte Äthylene.** Die „konstanten Schwingungen" für das Gerüst $^R_R{>}C{=}C{<}^H_R$ sind 251 (2), 301 (2), 385 (4), 470 (4), 526 (3), 745 (6), 806 (4), 958 (2), 1003 (2), 1350 (3), 1673 (15) und 3023 (3) cm^{-1}. Außerdem erweisen sich aber auch die Frequenzen 1112 $\pm$ 4 (2), 1309 $\pm$ 9 (3) und 1389 $\pm$ 2 (8) als ziemlich konstant. Diese Schwingungen können nach theoretischen Überlegungen keine Gerüstschwingungen sein. Wahrscheinlich handelt es sich um C—H-Deformationsschwingungen des Radikals $^{-CH_2}_{-CH_2}{>}C{=}C{<}^H_{CH_2}$
Es muß jedoch darauf hingewiesen werden, daß ein Großteil der hier angeführten „konstanten Frequenzen" ziemlich großen Schwankungen bei Verlängerung der Kette unterworfen ist, ohne daß in den meisten Fällen ein systematischer Gang zu erkennen wäre. Besonders gleichmäßig und unabhängig von der Länge der Alkylradikale sind 1003, 1350, 1673 und 3023 cm^{-1}.
Hinzuweisen ist auf die Möglichkeit von cis- und trans-Isomeren $R\cdot C{<}^C_H{>}C{=}C{<}^H_C$ und $R\cdot C{<}^C_H{>}C{=}C{<}^C_H$. Man hat aber in keinem Fall eine Aufspaltung der Doppelbindungslinie beobachten können wie beim $^H_R{>}C{-}C{<}^H_R$ und $^H_R{>}C{-}C{<}^R_H$; wahrscheinlich ist dafür die Art der Substitution an der Doppelbindung maßgeblich, die ja bei diesen Isomeren identisch ist. Auch in den trisubstituierten Äthylenen zeigt sich bei den Äthylradikalen nicht mehr die gleiche gute Übereinstimmung in den Spektren wie bei den mono- und symmetrisch disubstituierten Olefinen. Die größten Abweichungen ergeben sich wiederum im Gebiet der C—C-Valenzschwingungen von 700—900 cm^{-1}, weil hier die auf der gleichen Seite der Doppelbindung befindlichen Alkylradikale sich gegenseitig beeinflussen.

ζ) **Tetrasubstituierte Äthylene.** Es wurde nur das Spektrum von 2,3-Dimethylbuten-2 ausgewertet. Es wird angenommen, daß sich auch in dieser Klasse die Schwingungen der Alkylgruppe gegenseitig stören, da sich die Alkylgruppen auf derselben Seite der Doppelbindung befinden.

η) **Diolefine und sonstige Äthylenderivate.** Bei konjugierten und isolierten Doppelbindungen bleiben die charakteristischen Doppelbindungsfrequenzen weitgehend erhalten. Das gilt vor allem für die Linien 890, 992, 1298, 1376 und 1415 cm^{-1}. Die Frequenz 911 cm^{-1} tritt bei isolierten Doppelbindungen noch auf, nicht aber bei konjugierten. Auch die für die C=C-Doppelbindung so charakteristische Linie zwischen 1640 und 1675 cm^{-1} ist etwas empfindlich gegen konjugierte Bindungen und wird meist ein paar cm^{-1} zu tief gefunden, während sie bei isolierter Stellung der Doppelbindungen sehr lagekonstant auftritt.

Von Verbindungen mit kumulierten Doppelbindungen liegen nur wenig Spektren vor, doch scheinen sich fast alle charakteristischen Doppelbindungslinien zu verschieben. Bei dieser Gruppierung treten die Linien 1070 und 1130 cm^{-1} neu auf.

Die Konjugation mit einer C≡N- oder C≡C-Dreifachbindung ist mit einer Frequenzerniedrigung der hohen C=C-Frequenz um etwa 30—40 cm^{-1} verbunden. Bei Konjugation der C=C- mit einer C=O-Frequenz tritt für beide meist Intensitätserhöhung, für die C=O-Schwingung Frequenzerniedrigung auf, deren Stärke vom Substituenten X in —C=CH—CO—X abhängt, z. B. um etwa 30 cm^{-1} auf 1677 cm^{-1} für X = CH$_3$ (Keton), um etwa 20 cm^{-1} auf 1718 cm^{-1} für X = OCH$_3$ (Ester). Die Frequenz der C=C-Schwingung wird nur wenig erniedrigt, stärker dagegen bei Substitution von Halogen direkt an der C=C-Doppelbindung. Dieser Einfluß wird in den Allylderivaten durch die CH$_2$-Gruppe abgeschirmt.

Tabelle 9.
Einfluß der Substitution auf die hohe C=C-Frequenz

X =	Cl	Br	C≡N	CO—CH$_3$	CO—OCH$_3$
H$_2$C=CH—X	1601 (5)	1593 (4)	1607 (10)	1619 (6)	1632 (10)
H$_2$C=C(CH$_3$)—X	1640 (10)	1637 (8)	1625 (9)	—	1634 (7)
H$_3$C—HC=CH—X cis	—	—	1626 (12)	—	1644 (10)
H$_3$C—HC=CH—X trans	1632 (3)	1627 (1)	1632 (12)	1630 (10)	1655 (8)
(H$_3$C)$_2$C=CH—X	—	—	1637 (12)	1619 (15)	1653 (12)
(H$_3$C)$_2$C=C(CH$_3$)—X	1672 (7)	1664 (5)	—	—	—
H$_2$C=CX$_2$	1611 (15)	—	—	—	—
XHC=CX$_2$	1585 (6)	1553 (10)	—	—	—
H$_2$C=CH—CH$_2$—X	1641 (8)	1635 (10)	1625 (3)	—	—

ϑ) **Voraussage der Spektren von Olefinen.** Da sich die Spektren der Olefine fast ausnahmslos aus den „konstanten Linien" der Doppelbindung zusammensetzen, die je nach der Substitution verschieden sind, und den Linien der an der Doppelbindung hängenden Alkylradikale, ergibt sich daraus die Möglichkeit, die unbekannten Spektren von Olefinen vorauszusagen. Die „Spektren der substituierten Doppelbindung" sind in Tabelle 10 zusammengestellt. Die Linien, die auf Verzweigung, vor allem auf stark benachbarte Verzweigung ansprechen, sind durch ein v gekennzeichnet. Linien, die gegenüber der Kettenlänge empfindlich sind, sind durch ein k charakterisiert. Die Empfindlichkeit gegenüber der Kettenlänge ist meist nur geringfügig.

Tabelle 10.

Konstante Frequenzen der verschiedenen substituierten Äthylene

$\begin{smallmatrix}H\\H\end{smallmatrix}\!\!>\!C\!=\!C\!<\!\!\begin{smallmatrix}R\\H\end{smallmatrix}$	$\begin{smallmatrix}H\\R\end{smallmatrix}\!\!>\!C\!=\!C\!<\!\!\begin{smallmatrix}H\\H\end{smallmatrix}$	$\begin{smallmatrix}H\\R\end{smallmatrix}\!\!>\!C\!=\!C\!<\!\!\begin{smallmatrix}R\\H\end{smallmatrix}$	$\begin{smallmatrix}H\\H\end{smallmatrix}\!\!>\!C\!=\!C\!<\!\!\begin{smallmatrix}R\\R\end{smallmatrix}$	$\begin{smallmatrix}R\\R\end{smallmatrix}\!\!>\!C\!=\!C\!<\!\!\begin{smallmatrix}H\\R\end{smallmatrix}$	$\begin{smallmatrix}R\\R\end{smallmatrix}\!\!>\!C\!=\!C\!<\!\!\begin{smallmatrix}R\\R\end{smallmatrix}$
		210 (2)			
			261 (2)	251 (2)	
	297 (3)			301 (2)	319 (4)?
			394 (4)	385 (4)	
	413 (3)				409 (10)
435 (3)v		488 (3)	434 (4)	470 (4)	
					503 (14)
				526 (3)	
	581 (1)				
631 (2)v	640 (0)				547 (00)
	702 (1)		703 (3)		690 (20)
		742 (2)		745 (6)	745 (2)
		809 (2)	804 (10)	806 (4)	821 (1)?
	892 (5)	892 (5)	888 (5)		
911 (5)				958 (2)	
	970 (6)k				
992 (1)		1023 (4)	1002 (2)	1003 (2)	1023 (6)
				1112 (2)	
	1263 (10)k				
1298 (11)k		1303 (9)k		1304 (5)	
	1376 (3)	1376 (3)		1350 (3)	
1415 (5)k			1383 (4)	1382 (9)	
1642 (11)	1656 (12)k		1414 (8)k		
			1653 (12)k		
		1671 (10)k		1673 (15)	1672 (20)
			2987 (11)		
2998 (8)k		3001 (4)k			
	3013 (7)k			3023 (3)	
3079 (5)k			3078 (6)		

Tabelle 11.
Die „Radikalspektren" der an der Doppelbindung gebundenen 2-, 3- und 4-atomigen Gruppen

$-C-C$	$-C-C-C$	$-C\begin{smallmatrix}C\\C\end{smallmatrix}$	$-C-C-C-C$	$-C-C-C$ $\mid$ C	$-C-C-C$ $\mid$ C	C $\mid$ $-C-C$ $\mid$ C
				173 (3)		
			246 (2)	212 (2)	231 (2)	
237 (0)	243 (0)					
276 (0)	287 (6)	274 (2)			313 (4)	300 (7)
322 (0)		327 (6)	339 (5)	331 (5)		
		350 (4)				
	374 (5)					365 (7)
		408 (1)		401 (3)	410 (5)	
	419 (0)		423 (2)	424 (4)		
440 (1)			467 (2)		488 (4)	
517 (0)						
	530 (2)			523 (1)	533 (2)	
					660 (0)	
			729 (0)			716 (17)
			750 (2)			
	777 (3)	781 (4)	794 (0)	794 (3)	780 (3)	
		812 (8)	824 (7)d!	818 (5)	818 (8)	
851 (4)	852 (6)				844 (3)	
	884 (6)	870 (0)	873 (3)		886 (5)	881 (6)
			897 (2)			
	914 (1)		931 (3)	925 (1)		929 (3)
		957 (4)		956 (3)d	956 (2)	
			995 (0)			
1029 (5)			1014 (0)	1023 (1)		1028 (2)
	1043 (6)	1037 (3)			1036 (3)	1050 (1)
1058 (3)			1054 (7)	1067 (1)		1068 (3)
	1095 (6)				1090 (6)	
		1102 (5)	1104 (7)	1116 (3)	1112 (3)	1108 (1)
1164 (0)	1156 (1)	1176 (1)	1154 (1)	1170 (4)	1151 (2)	
	1220 (4)	1219 (0)	1221 (3)d!	1225 (3)	1217 (3)	1206 (11)
1258 (2)	1263 (1)					1269 (4)
	1294 (1/2)		1292 (3)	1299 (8)	1293 (2)	
				1332 (4)		
		1384 (4)			1379 (1)	1380 (5)
	1439 (12)	1446 (8)	1437 (9)		1444 (10)	1444 (12)
1450 (7b)	1457 (12)	1465 (9)	1456 (8)	1453 (8)	1455 (10)	1466 (12)
2723 (2)	2734 (3)	2722 (3)	2734 (3)		2729 (2)	2724 (3)
		2763 (2)				
2853 (10)	2845 (6)	2854 (2)	2855 (13)		2860 (6)	
2878 (9)	2872 (12)	2867 (13)	2874 (15)	2867 (10)	2876 (9)	2865 (13)
2911 (15)	2909 (14)	2914 (9)	2909 (14)	2907 (8)	2909 (8)	2902 (15)
2936 (14)	2936 (13)	2938 (4)	2936 (11)	2933 (4)	2934 (9)	2928 (7)
2969 (9)	2966 (9)	2967 (11)	2962 (8)	2961 (8)	2968 (8)	2961 (20)

Raman-Spektren von organischen Substanzen.

Tabelle 12.

Voraussage des Spektrums von 6-Methylhepten-4 (cis und trans)

$$C-C-C-C=C-C-C$$
$$|$$
$$C$$

cis	trans	n-Propyl	iso-Propyl	Gesamt-spektrum	beob.
	210 (2)			210 (2)	206 (2)
		243 (0)		243 (0)	
			274 (2)	274 (2)	
297 (2)		287 (6)		292 (6)	292 (5)
			327 (6)	327 (6)	337 (3)
			350 (4)	350 (4)	
		374 (5)		374 (5)	387 (4)
413 (3)		419 (0)	408 (1)	413 (3)	
					455 (2)
	488 (3)			488 (3)	
		530 (2)		530 (2)	524 (2)
581 (1)				581 (1)	601 (2)
648 (0)				648 (0)	
702 (1)				702 (1)	686 (0)
	742 (2)			742 (2)	743 (1)
		777 (3)	781 (4)	779 (4)	764 (3)
	809 (2)		812 (8)	811 (8)	820 (10)
		852 (6)		852 (6)	866 (5)
			870 (0)	870 (0)	
892 (5)	892 (5)	884 (6)		889 (6)	893 (6)
		914 (1)		914 (1)	920 (4)
			957 (4)	957 (4)	954 (7)
970 (6)				970 (6)	974 (4)
	1023 (4)			1023 (4)	
		1043 (6)	1037 (3)	1040 (6)	1046 (4)
		1095 (6)	1102 (5)	1099 (6)	1099 (8)
		1156 (1)		1156 (1)	
			1176 (1)	1176 (1)	1166 (3)
		1220 (4)	1219 (0)	1220 (4)	1218 (2)
1263 (10)		1263 (1)		1263 (10)	1257 (10)
	1303 (9)	1294 (1/2)		1299 (9)	1300 (12)
1376 (3)	1376 (3)		1384 (4)	1379 (4)	1382 (0)
		1439 (12)	1446 (8)	1443 (12)	1443 (17)
		1457 (12)	1465 (9)	1461 (12)	1461 (17)
1656 (12)				1656 (12)	1660 (16)
	1671 (10)			1671 (10)	1671 (12)
		2734 (3)	2722 (3)	2728 (3)	2743 (1)
			2763 (2)	2763 (2)	
		2845 (2)	2854 (2)	2850 (2)	2847 (3)
		2872 (12)	2867 (13)	2870 (13)	2871 (20)
		2909 (14)	2914 (9)	2912 (12)	2905 (11)
		2936 (13)	2938 (4)	2937 (9)	2935 (11)
		2966 (9)	2967 (11)	2967 (10)	2964 (18)
3013 (7)	3001 (4)			3007 (7)	3000 (5)

Die Frequenzen der Alkylradikale findet man, wenn man die „konstanten Linien" der einfach substituierten Doppelbindung aus dem Spektrum wegnimmt. Da auch die Bromide und Chloride in den Spektren ihrer Alkylradikale den Olefinen sehr ähnlich sind, so können auch diese zur Mittelwertsbildung mit herangezogen werden. Auf diese Weise ist es möglich, zufällige Entartung von Schwingungen des Alkylradikals mit der Doppelbindungsgruppe festzustellen und weiterhin die Spektren von Alkylgruppen zu bestimmen, von denen das Spektrum des entsprechenden α-Olefins nicht bekannt ist. Die Übereinstimmung ist allerdings erst bei längeren Ketten zu beobachten. Bei den Äthyl-, Isopropyl- und tertiären Butylgruppen ist sie noch schlecht.

Der Aufbau des Gesamtspektrums eines Olefins erfolgt durch Addition der Frequenzen der Doppelbindung und sämtlicher vorhandenen Radikale. Als Beispiel ist in Tabelle 12 das Spektrum des 6-Methylhepten-4 zusammengestellt.

Liegen zwei zu erwartende Linien näher als 10 cm^{-1} zusammen, so ist als Erwartungswert der Mittelwert genommen, da sie mit den üblichen Spektrographen nicht mehr getrennt werden können. Von den 43 vorausgesagten Linien stimmen 29 (= 67%) innerhalb einer Fehlergrenze von 10 cm^{-1} (mittlerer Fehler ±4 cm^{-1}) bzw. 37 (= 86%) innerhalb von 20 cm^{-1} (mittlerer Fehler ±6 cm^{-1}) mit den beobachteten überein. Bei den restlichen 6 Linien handelt es sich um schwächere Linien − mittlere Intensität 2 gegenüber 5 im Gesamtspektrum −, die der Beobachtung leichter entgehen. Die einzige gefundene Linie, die nicht innerhalb von 20 cm^{-1} mit einer vorausgesagten übereinstimmt, ist 455 cm^{-1}.

Die Übereinstimmung zwischen Voraussage und Befund ist bei allen unverzweigten und verzweigten disubstituierten Olefinen mit mittelständiger Doppelbindung ähnlich gut. Bei den unsymmetrisch disubstituierten und den tri- und tetrasubstituierten Olefinen ist die Voraussage der Spektren nur mit größerer Unsicherheit möglich. Hier sind sowohl die „konstanten Linien" als auch die Alkylradikale gegen konstitutionelle Einflüsse empfindlicher. Dabei sind die Abweichungen bei kurzkettigen Radikalen am größten. Mit der Länge der Kette wird die Übereinstimmung besser.

§ 13. C=N-, N=N- und N=O-Bindung.

Die C=N-Frequenz hat in bezug auf ihren Absolutwert und der Beeinflussung desselben durch Substituenten eine gewisse Ähnlichkeit mit der C=O- und C=C-Bindung, die in vorigen Kapiteln ausführlich behandelt wurden. Ein wesentlicher Unterschied ist der, daß bei der C=N-Bindung nur drei Substituenten aufgenommen werden können, bei der C=C-Bindung dagegen vier.

Die C=N-Frequenz ist für:

Acetaldazin	$H_3C-CH=N-N=CH-CH_3$	1627 (10) cm^{-1}
Imidokohlensäure-dialkyläther	$\begin{matrix}RO\\RO\end{matrix}\!\!>\!C=NH$	1658 (2) cm^{-1}
Alkyl-imido-äther	$\begin{matrix}R\\R'O\end{matrix}\!\!>\!C=NH$	1654 (4b) cm^{-1}
Aldoxime	$\begin{matrix}R\\H\end{matrix}\!\!>\!C=NOH$	1660 (5) cm^{-1}
Ketoxime	$\begin{matrix}R\\R'\end{matrix}\!\!>\!C=NOH$	1665 (5) cm^{-1}
N-Alkyl-alkyliden-amine	$\begin{matrix}R\\H\end{matrix}\!\!>\!C=NR'$	1670 (6) cm^{-1}

In den aromatischen Oximen liegt die C=N-Frequenz um rund 30 cm^{-1} tiefer; in Ar·HC=N·R (N-Alkyl-benzyliden-amin) ist sie um 16 cm^{-1}, in Ar·(OR)·C=NH (Benzimido-alkyl-äther) um 4 cm^{-1} erniedrigt. Im Gegensatz zur C—H-Frequenz, die beim Übergang von C—C—H über C=C—H nach C≡C—H merklich höher wird, hat die NH-Frequenz für die Fälle R_2NH und $>\!C=NH$ fast den gleichen Wert, 3329 cm^{-1} bei Dialkylaminen und 3337 cm^{-1} bei Imidoäthern.

Die Imidoäther R—C(=NH)·OR' unterscheiden sich von den strukturverwandten Säureestern R·CO·OR' durch die erniedrigte Doppelbindungsfrequenz $\omega(C=N) = 1654$ cm^{-1} und das Vorhandensein der $\nu(NH)$-Frequenz 3337 cm^{-1}.

Aldehydimine R—HC=N—R' (Schiffsche Basen) zeichnen sich durch eine kräftige und bemerkenswert lagekonstante C=N-Frequenz 1670 cm^{-1} aus. Im C—H-Valenzspektrum ist für die Gruppierung =N—CH$_3$ die tiefe Frequenz von 2790 cm^{-1} charakteristisch.

Die Konjugation zweier C=N-Gruppen im Acetaldazin H_3C—HC=N—N=CH—CH$_3$ erniedrigt die C=N-Frequenz auf 1627; Kumulierung zweier Doppelbindungen bewirkt das Verschwinden der charakteristischen C=N-Doppelbindungslinie, da infolge Koppelungsresonanz an Stelle zweier gleicher Y=X-Frequenzen im Molekül X=Y=X eine wesentlich tiefere und eine wesentlich höhere Frequenz auftreten:

		ω_1	ω_3
Im Methylazid	$H_3C-N=N\equiv N$	1276 (9)	2104 (5)
Im Methylisocyanat	$H_3C-N=C=O$	1409 (5)	fehlt
Im Methylsenföl	$H_3C-N=C=S$	1087 (6)	[2162 (4)]

Bei der Senfölgruppe treten bei einigen Vertretern zwei statt einer hohen Frequenz auf:

		ω_1	ω_3
Methylsenföl	$H_3C-N=C=S$	1087 (6)	2106 (4)
			und 2218 (4)

$$2\omega_1 = 2 \times 1087 = 2174$$

In den aliphatischen Aldoximen und Ketoximen liegt die Doppelbindungsfrequenz bei 1660 cm^{-1}. Eine Frequenz von 3350 cm^{-1} ist außerdem charakteristisch für diese Stoffklassen.

Die NO-Gruppe tritt in organischen Verbindungen auf in: Nitraten (R—ONO$_2$), Nitroalkylen (R—NO$_2$), Nitroarylen (Ar—NO$_2$), Nitriten (R—ONO), Nitrosaminen $\left(\begin{matrix}R'\\R\end{matrix}\!\!>\!\!N-NO\right)$, Nitrosoverbindungen (R—NO) und Aminoxyden $\left(\begin{matrix}R\\R\end{matrix}\!\!>\!\!N\!\!<\!\!\begin{matrix}R\\O\end{matrix}\right)$. Die Stärke der NO-Bindung kann zwischen denen einer Einfach- und Doppelbindung variieren, wobei auch Zwischenwerte möglich sind. Damit verschieben sich auch die zu dieser Gruppe gehörigen Frequenzwerte.

Die Alkylnitrite R—ONO sind durch die starken Frequenzen ~600 cm^{-1} und ~1640 cm^{-1} charakterisiert. Für die Alkylnitrate R—ONO$_2$, Nitroalkyle R—NO$_2$ und Nitroaryle Ar—NO$_2$ ergeben sich folgende zur NO$_2$-Gruppe gehörigen Raman-Linien:

R—ONO$_2$	~570 (5)	1278 (6)	1627 (2)
R—NO$_2$	~610 (3)	1383 (5)	1555 (2)
Ar—NO$_2$	~535	1345 (38)	1523 (2)

Die photometrisch gemessenen Intensitäten sind auf die höchste Frequenz angeglichen. Wie man sieht, steigt bei Konjugation der NO$_2$-Gruppe mit dem Phenylrest die Intensität der mittleren NO$_2$-Frequenz (hier 1345 cm^{-1}) auf das 6fache an.

Die NO-Frequenz der Nitrosoverbindungen liegt bei 1610 cm^{-1}. In den Nitrosaminen fehlen Linien im Gebiet der Doppelbindungsfrequenz über 1450 cm^{-1} (2; 9).

§ 14. Acetylenderivate.

Über Acetylenderivate liegen zahlreiche Untersuchungen vor, die in neuerer Zeit vor allem von M. J. MURRAY und F. F. CLEVELAND (10) durchgeführt wurden. Charakteristisch für diese Substanzklasse ist die Dreifachbindung, deren Frequenzen im Bereich von 2100–2300 cm^{-1} auftreten. Diese sind empfindlich gegen Substitution. Ihre genaue Lage erlaubt ähnlich wie bei den Olefinen Aussagen über die Radikale zu machen, die mit der Acetylen-Gruppe verbunden sind. In den monosubstituierten Acetylenen beobachtet man in der Regel nur eine Frequenz bei 2118 cm^{-1}. Diese fällt um etwa 10 cm^{-1}, wenn der Dreifachbindung ein tertiäres C-Atom benachbart steht, sofern der vierte Substituent nicht H ist. Durch Konjugation mit einer Äthylenbindung oder einem Phenylrest C_6H_5 tritt eine Frequenzerniedrigung von 2118 auf 2099 bzw. 2113 cm^{-1} ein, während die Konjugation mit einer Carbonylgruppe ohne nennenswerten Einfluß ist. Konjugation mit einer zweiten Acetylengruppe ändert die Frequenzen in 2183 beim Diacetylen, 2264 im Dimethyldiacetylen und 2251–2254 cm^{-1} für die höhersubstituierten Diacetylene.

Für monosubstituierte Acetylene ist noch die C—H-Frequenz der Gruppierung C≡C—H bei 3305 cm^{-1} charakteristisch.

Außer diesen hohen treten auch tiefe charakteristische Acetylenfrequenzen auf. In den monosubstituierten Derivaten sind es 340 und 630 cm^{-1}. Davon wird die Frequenz 340 cm^{-1} geschwächt oder verschwindet ganz, wenn das der Dreifachbindung benachbarte C-Atom tertiär ist. Eine tiefe Frequenz von etwa 200 cm^{-1} gehört wahrscheinlich zu einer Deformationsschwingung und ist in monosubstituierten Derivaten stärker als in disubstituierten.

Bei den disubstituierten Acetylenen werden in der Mehrzahl der Fälle mehrere Linien der C≡C-Frequenz beobachtet, von denen meist zwei starke mit gleichem Depolarisationsfaktor im Bereich von 2215 und 2240 cm^{-1} auftreten. Die Linien sind empfindlich gegen Änderungen der Substituenten R, auch wenn die Änderung nicht direkt an der Dreifachbindung erfolgt. Schwache Linien, die man in diesem Frequenzbereich vielfach beobachtet, können teilweise Verbindungen mit dem Isotop C_{13} zugeordnet werden, z. B. 2198, 2201 und 2280 cm^{-1}. Eine tiefe Frequenz der disubstituierten Derivate liegt bei 365 cm^{-1}. 350 cm^{-1} gehört zur Gruppierung C≡C—CH_3.

Für die Radikalschwingungen gelten ähnliche Gesetzmäßigkeiten wie bei den Olefinen. Die höchste Kettenfrequenz um 1100 cm^{-1} zeigt eine deutliche Abhängigkeit von der Kettenlänge und ist in mono- und disubstituierten Acetylenen fast gleich hoch (vgl. Tabelle 8). Bei Kettenverzweigung wird diese Frequenz etwas erhöht. Die übrigen Linien der Radikalspektren der Olefine (Tabelle 11) stimmen bei den Acetylenderivaten weniger gut. Das gilt vor allem für die Kettendeformationsfrequenzen unter 600 cm^{-1}. Von den Kettenvalenzfrequenzen oberhalb 700 cm^{-1} mit einer Intensität von 1 und mehr finden sich bei den Acetylenderivaten mehr als die Hälfte mit einem mittleren Fehler von ± 10 cm^{-1} wieder. Dabei ist die Übereinstimmung bei den disubstituierten Verbindungen etwas besser als bei den monosubstituierten. Die beste Übereinstimmung mit mehr als Dreiviertel aller Linien ergibt sich bei den C—H-Deformations- und Valenzfrequenzen.

Charakteristische Radikalschwingungen sind unter anderem: die Kettenfrequenzen bei längeren Ketten: 1300, 1330 und 2905; die Frequenzen der CH$_3$-Gruppe, deren Intensitäten relativ größer sind, wenn keine CH$_2$-Gruppe benachbart steht: 1040, 1382 und 1440 cm^{-1}.

§ 15. Die C≡N-Bindung.

In den Alkylnitrilen R · C≡N hat die charakteristische C≡N-Frequenz den recht konstanten Wert von im Mittel 2245 cm^{-1}. Die Empfindlichkeit gegen Verzweigung der Kette in α-Stellung ist nur gering. Bei Konjugation mit einer C=C-Bindung oder mit Phenyl tritt eine Frequenzerniedrigung von durchschnittlich 17 cm^{-1} ein. Beim Übergang zum Ion beobachtet man eine viel stärkere Frequenzerniedrigung, wie aus Tabelle 13 hervorgeht.

Tabelle 13.
Die C≡N-Frequenz beim Übergang zur Ionenbindung

Acetonitril	H$_3$C—CN	2249 cm^{-1}
Cyanamid	H$_2$N—CN	2233 cm^{-1}
Chlorcyan	Cl—CN	2201 cm^{-1}
Bromcyan	Br—CN	2187 cm^{-1}
Blausäure	H—CN	2094 cm^{-1}
Kaliumcyanid	Ion (CN)$^-$	2080 cm^{-1}
Kaliumcyanat	Ion (O—CN)$^-$	2192 cm^{-1}
Natrium-Cyanamid	Ion (HN—CN)$^-$	2096 cm^{-1}
K-Rhodanid	Ion (S—CN)$^-$	2066 cm^{-1}
K-Selencyanid	Ion (Se—CN)$^-$	2052 cm^{-1}

Mit den Nitrilen R—C≡N sind die Isonitrile R—N≡C isomer. Im Spektrum unterscheiden sie sich von den Nitrilen durch die niedrigere C≡N-Frequenz 2150 cm^{-1} gegen 2245 cm^{-1}. Ebenso werden die tiefen Deformationsschwingungen der Kette zwischen

300 und 600 cm^{-1} um etwa 70-90 cm^{-1} bei den Isonitrilen erniedrigt. Für Acetylen- und Cyanabkömmlinge mit 4- und mehrgliedrigen Ketten sind niedrige Frequenzen um 200 cm^{-1} charakteristisch, für die Gruppierung N—CH$_3$ starke ν(CH)-Frequenzen um 2800 cm^{-1} (2).

§ 16. Ringsysteme.

Beim Übergang von der offenen Kette zu Ringsystemen ändert sich sowohl das Ketten- wie auch das C—H-Spektrum grundlegend. Charakteristisch für die gesättigten Ringsysteme sind die Pulsationsfrequenzen:

Sechserring	802 cm^{-1}
Fünferring	886 cm^{-1}
Viererring	1005 cm^{-1}
Dreierring	1187 cm^{-1}

Diese für die reinen Kohlenwasserstoffe geltenden Frequenzen werden durch Substituenten verändert. Dimethylierte Cyclohexane (o, m, p, cis und trans) geben unterscheidbare Spektren: ω_4 ist für

Cyclohexan	802 cm^{-1}	
Methylcyclohexan	760 cm^{-1}	
1,4-Dimethylcyclohexan	trans 760	cis 760 cm^{-1}
1,3-Dimethylcyclohexan	trans 771	cis 752 cm^{-1}
1,2-Dimethylcyclohexan	trans 749	cis 730 cm^{-1}
1,1-Dimethylcyclohexan	705 cm^{-1}	

Die Fünferringfrequenz um 890 cm^{-1} fehlt bei 1,3 di-, 1,1,3 tri-, und 1,2,3 trisubstituierten Cyclopentanen.

Beim Übergang vom Sechserring zum Zweierring ist eine zunehmende Ringspannung zu erwarten, die die mechanische Festigkeit der Bindung am Ring erhöht, diejenige von mit dem Ring konjugierten Bindungen abnehmen läßt. Eine Erhöhung der Bindefestigkeit hat eine Erhöhung der betreffenden Frequenz zur Folge. So beträgt die höchste C—H-Frequenz beim Übergang vom Sechs- zum Zweiring:

Cyclohexan	2937 cm^{-1}
Cyclopentan	2964 cm^{-1}
Cyclobutan	2973 cm^{-1}
Cyclopropan	3080 cm^{-1}

Äthylen 3074 cm^{-1} (im Absorptionsspektrum 3107 cm^{-1}).

Durch den Eintritt von Doppelbindungen in den Ring wird die Ringspannung ebenfalls erhöht, was man wieder an der höchsten CH-Frequenz erkennen kann:

Cyclohexen	3022 (6b) cm^{-1}				
1,3-Cyclohexadien	3041 (10b) und 3140 (1) cm^{-1}				
Benzol	3063 (12b), 3165 (2d) und 3186 (4s) cm^{-1}				
Cyclopenten	3060 (10) cm^{-1}				
Cyclopentadien	3088 (7) cm^{-1}				

Die konstitutive Wirkung der Ringspannung auf eine Mehrfachbindung, die durch eine Einfachbindung vom Ring getrennt ist, hat zur Folge, daß die Frequenz der Mehrfachbindung mit zunehmender Ringspannung abnehmen muß, was an folgenden Beispielen der Verbindung R—X gezeigt werden soll:

R \ X	$\begin{array}{c}H_3C\\ H_3C\end{array}$>CH	C_5H_9	C_4H_7	C_3H_5	C_2H_3
CO—OR (Mittel)	1727	1724	1722	1719	1718
CO—Cl	1803	1791	1789	1770	1752
C≡N	2241	2233	2232	2232	2224

Umgekehrt kann man aus der Lage der charakteristischen Linien auf Ringspannung schließen, deren Größe von der Ringgliederzahl und der Zahl der im Ring vorhandenen Doppelbindungen abhängig ist.

Charakteristisch für die Fünfringe Cyclopentadien, Furan und Pyrrol sowie ihren Derivaten ist das Auftreten von meist kräftigen Linien im Gebiet um 1500 cm^{-1}, die zweifellos zum konjugierten Doppelbindungssystem gehören, sowie von C—H-Frequenzen um 1380 und 3100 cm^{-1} (2, 6).

§ 17. Der aromatische Ring.

Über das Benzolspektrum ist sehr viel gearbeitet worden, um die Struktur des Benzols aufzuklären. Heute ist man der Ansicht, daß der Benzolring eben gebaut ist und die Bindungen im Ring gleichwertig sind. Solch ein Molekül sollte nach theoretischen Überlegungen nur 17 im Raman-Effekt beobachtbare Frequenzen aufweisen. Bei gut durchbelichteten Spektren findet man aber etwa 30 Linien. Die stärksten und analytisch wichtigsten sind: 606 (8d), 850 (5d), 992 (12), 1173 (3d), 1584 (8), 1605 (8), 2949 (5), 3047 (8b), 3063 (12b), 3186 (4s) cm^{-1}. Die letzte ist wahrscheinlich ein Oberton. Eine Diskussion des gesamten Benzolspektrums findet man bei K. W. F. KOHLRAUSCH (2).

Charakteristische Frequenzen der monosubstituierten Benzole $C_6H_5 \cdot X$ liegen in den Bereichen 610—623, 992—1007, 1017—1035, 1152—1178, 1572—1604 (oft zwei Frequenzen, von denen die höhere die stärkere ist), um 3050 und 3070 cm^{-1}, wovon 3050 cm^{-1} in einigen Derivaten nicht auftritt. Die reinen Kohlenwasserstoffe (X=R) sind als Derivate besonders wichtig. Für sie lassen sich teilweise engere Frequenzbereiche angeben: 1028–1035, 1153–1164, 1177–1188, 1194–1212 cm^{-1}. Bei manchen Linien, die gegen den Substituenten X empfindlich sind, kann man einen systematischen Gang beobachten. Solche Linien sind z. B. die nach K. W. F. KOHLRAUSCH (2) mit den Buchstaben a, f, j und s bezeichneten Frequenzen, die in Tabelle 14 zusammengestellt sind.

Tabelle 14.
Linienfolge für die nach K. W. F. Kohlrausch mit a, f, j und s bezeichneten Linien monosubstituierter Benzolderivate Ar—X

X	a	f	j	s
NH$_2$	233 (5)	531 (6)	818 (10b)	1277 (5sb)
OH	240 (8b)	532 (5)	812 (8)	1250 (2b)
F	241 (12)	519 (10)	807 (15)	1218 (9)
CH$_3$	216 (5b)	521 (6)	786 (9)	1208 (5)
Cl	196 (8b)	418 (8b)	702 (10)	1083 (7b)
SH	188 (6)	413 (6)	698 (6)	1097 (7)
Br	181 (10b)	315 (12)	673 (8)	1071 (8)
J	166 (5b)	266 (10)	654 (6)	1060 (2)

In disubstituierten Benzolen gibt es drei Isomeriemöglichkeiten. Die Substituenten können in 1,2-(ortho), 1,3-(meta) oder 1,4-(para) Stellung zueinander stehen. Die drei Isomeren haben unterschiedliche Raman-Spektren: o- bzw. m-Derivate sind ausgezeichnet durch starke Linien bei 1030 bzw. 1000 cm^{-1}, die beide in p-Derivaten fehlen. In allen disubstituierten Benzolen treten je eine starke Linie in den Bereichen 1575–1600 und 3070–3080 cm^{-1} auf. Ist mindestens einer der Substituenten ein Radikal R, so beobachtet man in den o- und m-Derivaten im Bereich um 1600 cm^{-1} zwei Linien. Bei den reinen Kohlenwasserstoffen R—C$_6$H$_4$—R' findet man in den o- und m-Derivaten eine starke Linie zwischen 1584 und 1600 cm^{-1}, in o-, m- und p-Derivaten außerdem eine zwischen 1600 und 1620 cm^{-1}.

Einige gegen Substitution empfindliche Linien zeigen wie in den Monoderivaten einen systematischen Gang bei Abänderung des Substituenten. Sie werden durch Buchstaben gekennzeichnet. In den o- und m-Derivaten findet man die mit a bezeichneten Linien der Monosubstitutionsverbindungen etwas frequenzverschoben wieder. Speziell die m- bzw. p-Derivate zeigen die Eigentümlichkeit, daß im unsymmetrischen Fall X—C$_6$H$_4$—Y die Linien c und c' (in m-) bzw. e und e' (in p-) fast genau dort liegen, wo die analogen

Linien f bzw. s in C_6H_5-X und C_6H_5-Y des Monoderivats auftreten. Zum Beispiel:

In m-Cl—C_6H_4—CH_3
  $c = 417$ (7) entspricht $f = 418$ (8) im C_6H_5-Cl
  $c' = 522$ (6) entspricht $f = 521$ (6) im C_6H_5-CH_3.

In p-Cl—C_6H_4—CH_3
  $e = 1090$ (12) entspricht $s = 1083$ (7) im C_6H_5Cl
  $e' = 1208$ (4) entspricht $s = 1208$ (5) im $C_6H_5CH_3$.

In tri- und höhersubstituierten Benzolderivaten findet man als charakteristische Benzollinien Frequenzen bei etwa 1600 und 3070 cm^{-1}. Die Frequenz von etwa 1600 cm^{-1} ist abhängig von der Art der Substituenten und ihrer Stellung zueinander. Handelt es sich bei den Substituenten um Radikale R, so liegt die Frequenz in 1,2,3-Derivaten bei 1594—1601, in den 1,3,5-Derivaten bei 1605—1618 und in den 1,2,4-Derivaten zwischen 1618 und 1626 cm^{-1}. Bei andersgearteten Substituenten findet man in gleicher Weise für die 1,2,3-, 1,3,5- und 1,2,4-Derivate charakteristische Bezirke, die in ihrer relativen Höhe zueinander sich ähnlich verhalten, wie es bei den reinen Kohlenwasserstoffen der Fall ist. In 1,3,5-Derivaten tritt auch die starke Benzollinie um 1000 cm^{-1} auf.

Als Substituent verhält sich der Phenylrest Ar=C_6H_5 in seinen konstitutiven Wirkungen so, wie wenn er echte Doppelbindungen enthielte, denn die Frequenzen konjugierter Doppelbindungen werden erniedrigt, ihre Intensitäten erhöht. Zum Beispiel sind C=O- bzw. C=N-Frequenzen in cm^{-1} in:

Ar—CH_2—CO—CH_3	1696 (3b)
Ar—CO—CH_3	1678 (12b)
	$\Delta \nu = -19$
Ar—CH_2—COH	1718 (4b)
Ar—CO—H	1696 (15b)
	$\Delta \nu = -22$
Ar—CH_2—CO—OCH_3	1732 (3b)
Ar—CO—OCH_3	1718 (10b)
	$\Delta \nu = -14$
Ar—CH_2—C≡N	2250 (4)
Ar—C≡N	2224 (10)
	$\Delta \nu = -26$

(2,6)

§ 18. Mehrkernige aromatische Verbindungen.

Die Hauptlinien des Naphthalins sind 512 (5), 762 (5), 1022 (5), 1146 (3/2), 1380 (8), 1462 (3), 1576 (3) cm^{-1}. Davon ist die stärkste Linie 1380 cm^{-1} gegen α- und β-Substitution in ihrer Lage und

Intensität bemerkenswert unempfindlich. 512 und 1022 cm^{-1} bleiben bei α- und β-Substitution zwar auch ziemlich lagekonstant, nehmen aber in ihrer Intensität ab, was vor allem für die Linie 1022 cm^{-1} zutrifft. Die Frequenz 762 cm^{-1} bleibt nur bei β-Substitution ziemlich konstant und nimmt bei α-Substitution stark ab (2, 11).

§ 19. Übersicht charakteristischer Spektren von Kohlenwasserstoffen.

Eine Übersicht über die konstanten Frequenzen einiger Kohlenwasserstoffklassen gibt H. LUTHER (11, 12). Die Spektren wurden so ausgewertet, daß die Stärke der C—H-Frequenz bei etwa 1450 cm^{-1} in allen Spektren gleich 10 gesetzt wurde. Dadurch ergaben sich vergleichbare Intensitätsangaben für alle Linien der verschiedenen Stoffklassen. In Tabelle 15 und Abb. 6 sind die Ergebnisse dieser Arbeit zusammengestellt:

Diese Tabelle und Tabelle 1 sind vorläufige Ergebnisse, die ständig an Hand weiterer Arbeiten überprüft werden müssen.

II. Experimentelle Methodik.

Zu einer Raman-Apparatur gehört grundsätzlich eine Lichtquelle mit monochromatischem oder mindestens diskontinuierlichem Licht, ein Streugefäß und ein Spektrograph. Wegen der geringen Intensität der Raman-Strahlung werden an die Lichtquellen und Spektrographen hohe Anforderungen gestellt. Das spektral zerlegte Licht wird entweder mit einer Kamera photographiert oder mit einem photoelektrischen Empfänger und mit einem Galvanometer registriert.

A. Lichtquellen.
§ 20. Allgemeines.

Die für den Raman-Effekt verwendeten Lichtquellen müssen sehr lichtstark und möglichst monochromatisch sein. Die Lampen sollen sich im Gebrauch einfach handhaben und für die üblichen Netzspannungen verwerten lassen, bei möglichst geringer Wartung viele Stunden hintereinander betriebssicher arbeiten, eine lange Lebensdauer besitzen und im Anschaffungspreis nicht zu hoch sein. Ist die Strahlung nicht monochromatisch, so müssen scharfe

Tabelle 15. *Charakteristische Spektren*

Monoalkyl-Cyclohexan	1-Alkyl-Cyclopenten-1	1-Alkyl-Cyclohexen-1	Monoalkyl-benzol	o-Dialkyl-benzol	m-Dialkyl-benzol	p-Dialkyl-benzol
					280(4)	320(5)
	328(3)					
383(3)		[394(8)]				
444(4)	428(3)	439(6)				460(7)
		493(4)				
				520(6)		
				540(6)	**535(10)**	
	573(4)			**580(10)**		
		625(4)	618(8)			**644(9)**
					690(12)	
				700(13)	715(12)	
		730(8)	**740(9)**	740(13)		
777(4)		**785(8)**	780(13)			
		825(6)				**802(10)**
842(5)		845(6)				825(8)
890(2)	**885(10)**					
966(2)	962(4)					
		995(4)				
	1020(5)		**1001(13)**		**1010(14)**	
1031(7)			**1027(10)**	**1035(10)**		
		1059(6)		1063(4)		
1081(4)	1095(4)				1098(6)	
	1135(3)	1175(6)	1156(6)	1155(6)	1172(4)	
1158(4)			1178(5)			**1198(10)**
1183(2)	[1210(4)]		**[1202(9)]**	**1210(10)**	1205(8)	
1262(7)		**1268(8)**				
	1290(6)					
						1320(2)
1346(4)	1336(4)			1327(4)	1329(4)	
1366(2)						
	1380(5)			**1385(10)**	1381(8)	**1377(7)**
1443(10)	**1440(10)**	**1431(10)**	**1443(10)**	**1450(10)**	1450(7)	
	1462(7)	**1455(10)**		**1462(10)**		1452(4)
			1585(2)	1582(6)	**1593(8)**	1578(2)
	1607(1)		**1604(11)**	1605(8)	**1610(10)**	**1619(10)**
		1655(12)	**1670(12)**			

verschiedener Kohlenwasserstoff-Klassen

Polyalkyl-benzol	α-Alkyl-Naphthalin	β-Alkyl-Naphthalin	α-Alkyl-Dialin-1	Tetralin	Dekalin	p-Ditolyl
	236(1)	242(1)		171(6)		
				267(5)		
326(5)			351(2)			
				437(7)	410(7)	**409(10)**
465(6)	480(4)	460(2)	486(6)		498(1)	
510(10)	**513(10)**	522(12)		513(5)		
550(10)	556(7)					
			578(3)?	**585(7)**	596(5)	
						634(8)
						658(5)
700(10)	**680(10)**		**712(10)**			712(5)
740(10)	**715(10)**			**730(10)**	747(8)	
		770(12)				
			793(7)			
					845(5)	**825(10)**
	860(3)					
964(5)						
	1024(8)	**1021(9)**	1025(6)			1022(3)
			1043(12)	**1036(10)**	1047(11)	
	1076(8)					
	1140(4)	1110(4)	1111(5)			
		1166(6)		1158(5)	1154(5)	
						1187(12)
			1203(9)	**1200(7)**		**1200(7)**
			1212(9)			
1254(10)		1253(4)			**1252(7)**	
1292(10)			**1295(9)**	1293(5)		**1281(15)**
			1333(5)		1336(5)	
	1373(15)		**1372(10)**		1359(5)	**1374(8)**
1378(10)		**1382(20)**				
						1420(4)
1445(10)	**1434(8)**	**1438(10)**	**1432(9)**	1433(5)	**1448(10)**	
	1464(8)	**1470(10)**	**1485(10)**	1446(4)		
						1520(10)
1576(5)	**1581(13)**	**1575(10)**	**1572(9)**	**1575(7)**		
1614(10)			**1598(14)**	**1605(11)**		**1613(18)**
	1625(2)	**1634(8)**	1641(8)			

Experimentelle Methodik.

Tabelle 15. *Charakteristische Spektren*

n-Paraffin	2-Iso-Paraffin	3-Iso-Paraffin	2-3-Iso-Paraffin	2-2-Iso-Paraffin	3-3-Iso-Paraffin	Iso-Paraffin stark verzweigt
334(5)	313(4)	310(4)	317(2)	308(3) [344(3)]	367(2)	316(3) 373(3)
402(2)	409(2) 447(3)	435(3)	415(1) 467(3)	487(2)	415(1) 481(2)	458(2) 511(3)
					699(10)	664(2-10)
			722(2)	**746(8)**		**716(8)**
	760(2) 810(6)	758(5) 820(4)	760(5) [819(3)]			
830(4) 865(4) 895(5)		892(5)	878(2) 917(3)	[829(4)] **930(8)**	[880(3)] 912(4) 933(4)	866(4) **924(9)**
	902(3) 960(3)	[980(6)]	951(4)			
1035(3) 1075(5)	1036(2) 1080(2)	**1045(8)**	1044(3)	[1030(3)] 1112(2)	1019(4) 1040(4) 1098(2)	1033(2) 1110(2)
1135(3)	1145(5) 1173(3)	1150(5) 1170(5)	1166(4)			
				1212(6) 1250(5)	1201(4) [1235(3)]	1216(5) 1240(5)
1300(8)	1307(4) 1344(5)	1282(3) 1305(4) 1358(4)	[1284(2)] 1315(3) 1353(2)	1315(2) 1350(1)	[1250(2)] 1305(2) 1345(2)	[1314(3)]
1440(10) 1460(10)	**1441(10) 1463(10)**	**1446(10) 1462(10)**	**1462(10)**	**1458(10)**	**1554(10)**	**1458(10)** 1474(8)

Lichtquellen.

verschiedener Kohlenwasserstoff-Klassen (Fortsetzung)

α-Olefin	H\C=C/H, R\ /R	R\C=C/H, H\ /R	H\C=C/R, H\ /R	H\C=C/R, R\ /R	R\C=C/R, R\ /R	Monoalkyl-Cyclopentan
		211(2)	261(2)	251(2)		
	296(3)			301(2)	319(4)	
435(3)	411(4)		394(4)	385(4)	**409(10)**	429(3)
		487(3)	434(4)	470(4)	**503(14)**	
	587(1)			526(3)		610(2)?
631(2)						
	704(1)		703(3)		**690(20)**	
		742(2)		745(6)	745(2)	
		808(2)	**804(10)**	806(4)	821(1)	841(6)
911(5)	893(5)	893(5)	888(5)			**894(10)**
	970(6)			958(2)		984(1)
		1010(2) 1030(4)	1002(2)	1003(2)	1023(6)	**1030(7)**
			1112(2)			1132(2)
						1194(2)
1298(10)	**1264(10)**	1302(8)		1304(5)		1307(4)
	1375(3)	1375(3)	1382(4) 1414(8)	1350(3) **1382(9)**		1361(4)
1415(5)						**1444(10)** **1457(9)**
1642(11)	1655(14)	**1670(10)**	1653(12)	1673(15)	1672(20)	

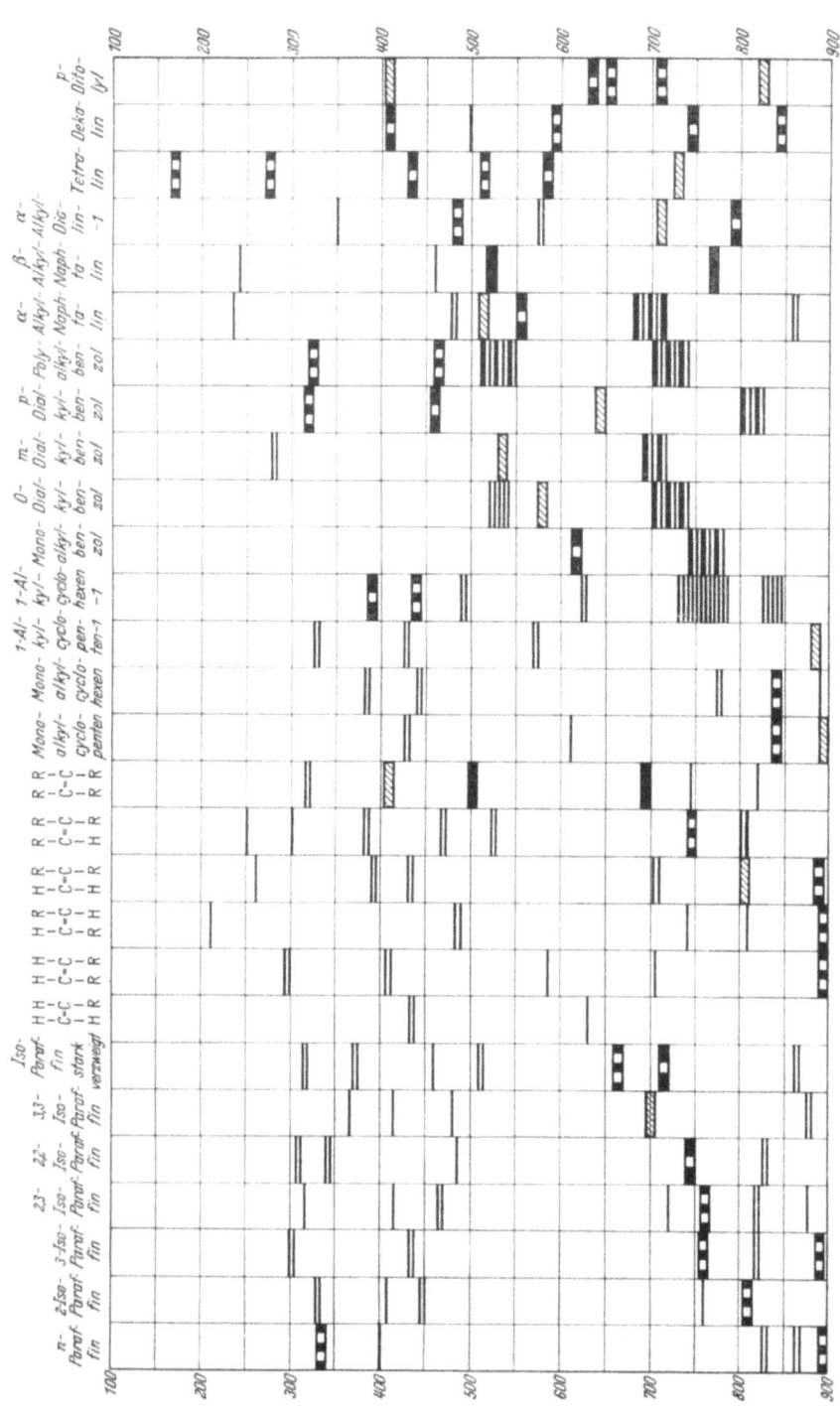

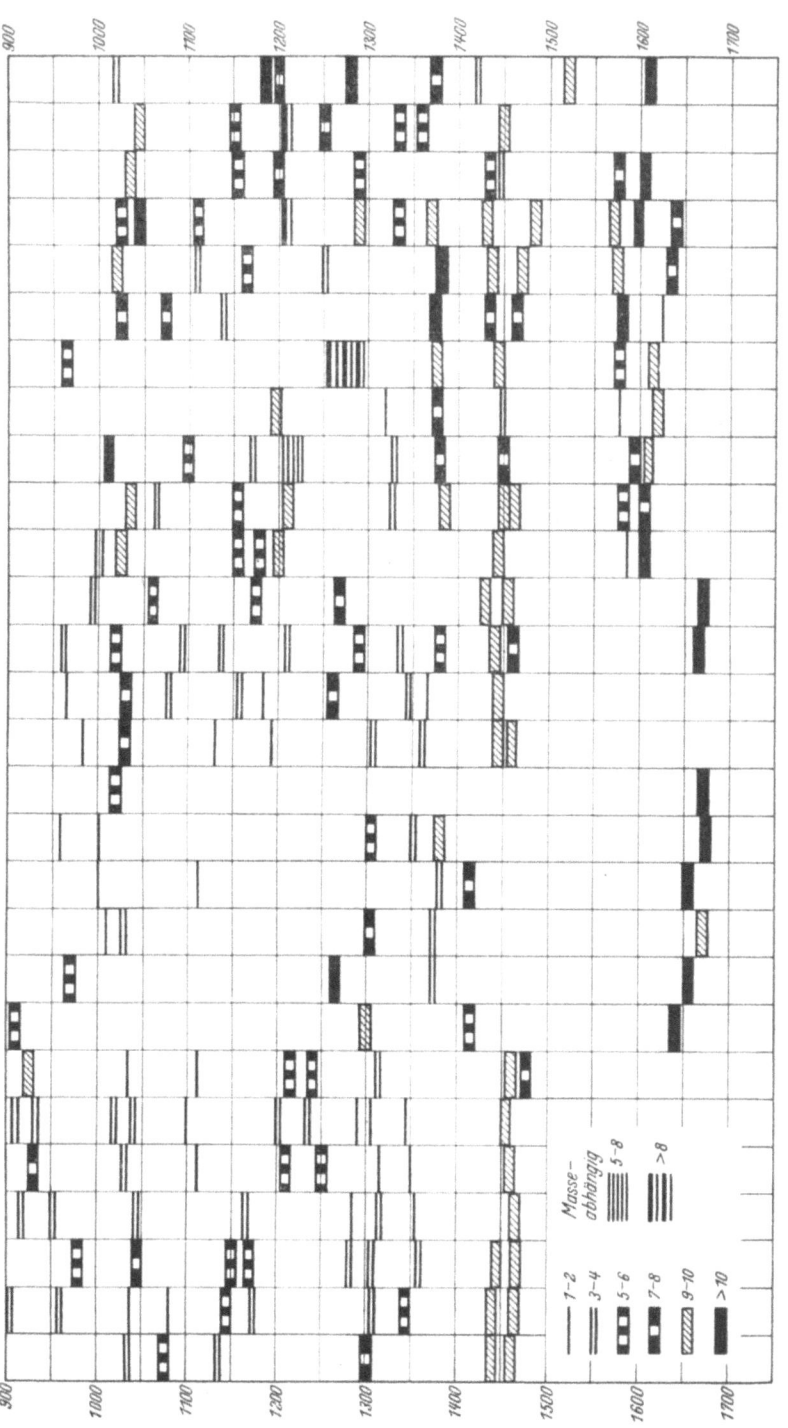

Abb. 6. Charakteristische Spektren verschiedener Kohlenwasserstoffklassen nach H. LUTHER.

und starke Linien im Spektrum vorhanden sein, in deren Umgebung vor allem nach der langwelligen Seite möglichst keine oder nur wenige schwache Linien liegen, jedoch soll ein kontinuierliches Spektrum in diesem Spektralbereich fehlen. Der ungestörte Spektralbereich soll möglichst von 500 cm^{-1} nach der kurzwelligen Seite, bis 3500 cm^{-1} nach der langwelligen Seite reichen, mindestens aber von der Erregerlinie bis 1800 cm^{-1} nach der langwelligen Seite.

Die ideale Raman-Lampe ist bisher noch nicht gefunden. Eine Thalliumlampe, bei der vor allem die scharfe grüne Linie 5350 ÅE (10) angeregt wird, käme vom theoretischen Gesichtspunkt aus einer idealen Raman-Lampe schon recht nahe. Das Raman-Spektrum würde nur durch die Linien 5528(3)ÅE und 5584(0)ÅE gestört werden, das sind die Frequenzbereiche um 600 und 780 cm^{-1}, doch würde keine Überlagerung von Spektren durch zwei anregende Linien stattfinden (5528 ÅE käme nur für die stärksten Raman-Linien als Anregungslinie in Betracht). Die Konstruktion solch einer Lampe macht aber noch technische Schwierigkeiten. Es sind Versuche gemacht worden mit Heliumlampen (13), Natriumlampen (14) und dem Cadmiumbogen (15), doch vermochten diese Lichtquellen sich nicht einzubürgern. Normalerweise arbeitet man mit Quecksilberdampflampen. Diese wurden seit langem u. a. für medizinische Zwecke verwendet, sind technisch gut durchgearbeitet und werden in bezug auf Anschaffungs- und Reparaturkosten, Bequemlichkeit im Gebrauch, Betriebssicherheit und insbesondere auf Intensität von den anderen Lampen nicht erreicht.

§ 21. Quecksilberbrenner.

Die handelsüblichen Brenner sind für Wechsel- oder Gleichstrom, für 110 oder 220 Volt zu haben. Außer den handelsüblichen Brennern werden noch Sonderkonstruktionen verwendet, die eine höhere Lichtausbeute ergeben sollen.

Bei manchen Brennern sind die Polgefäße mit flüssigem Quecksilber gefüllt (Abb. 7a). Die Zündung erfolgt dadurch, daß die Pole für kurze Zeit mit Quecksilber leitend verbunden werden, was meistens durch Kippen des Brenners geschieht, wobei etwas Quecksilber verdampft. Nach Unterbrechen der leitenden Verbindung übernimmt der Dampf den Stromtransport. Der Lichtbogen füllt zunächst den ganzen Rohrquerschnitt aus und schnürt sich beim Einbrennen mit zunehmender Belastung auf einen dünnen Leuchtfaden hoher Temperatur zusammen. Das Quecksilber verdampft aus der Kathode. Dieser Teil des Quarzrohres ist bei Gleichstrombrennern meistens verengt. Bei der Schaltung ist auf richtige

Polung zu achten, da der Brenner sonst im Betrieb leicht zerstört wird.

Andere Brenner enthalten ein Zündgas, das beim Anlegen der Spannung den Stromtransport bewirkt und dem Strom nur einen sehr geringen Widerstand bietet (Abb. 7b). Eine vorgeschaltete

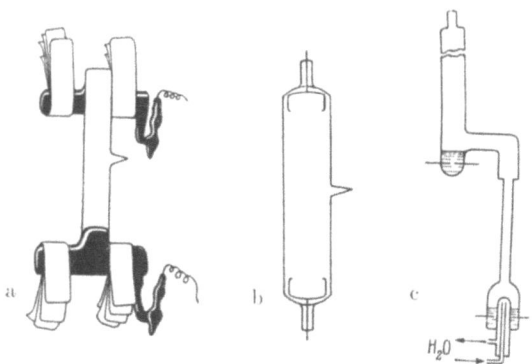

Abb. 7a-c. Quecksilberbrenner. a mit Hg-Elektroden, b mit Zündgas, c mit wassergekühlter Hg-Elektrode.

Drosselspule hält bei Wechselstrombetrieb den Zündstrom auf erträglichen Grenzen. Nach wenigen Minuten verdampft das Quecksilber im Brenner, der sehr heiß wird, und übernimmt den Stromtransport. Dabei steigt die Betriebsspannung, während die Stromstärke absinkt. Erst nach dem Einbrennen darf mit der Belichtung begonnen werden, weil vorher das Zündgas des Brenners mitleuchtet, dessen Linien dann mit aufgenommen werden. Diese Brenner lassen sich bei schlechter Netzspannung manchmal schwierig zünden. Vorsichtiges Reiben des Brennrohrs mit einem Lappen oder noch sicherer ein kurzes Bestrahlen mit einem Hochfrequenzapparat helfen hier weiter.

Je nach dem Dampfdruck des Quecksilbers, der in der Lampe herrscht, unterscheidet man zwischen Niederdruck- (0,01–10 Torr) und Hochdruckentladung (100 Torr bis einige 100 at). Das Übergangsgebiet von 10–100 Torr rechnet man keinem von beiden zu. Innerhalb des Hochdruckgebiets bezeichnet man Entladungen bei Dampfdrucken über etwa 30 at als Höchstdruckentladungen.

Bei den Niederdrucklampen füllt die leuchtende Säule den ganzen Rohrquerschnitt gleichmäßig aus. Die Stromdichte ist gering. Es wird besonders stark die Resonanzlinie 2536 ÅE angeregt. Die Spektrallinien sind scharf, das kontinuierliche Spektrum, das einen unerwünschten Untergrund gibt, relativ schwach. Leuchtdichte und Lichtausbeute sind klein.

In den Hochdruck- und Höchstdrucklampen wird der Lichtbogen zu einem dünnen Leuchtfaden zusammengeschnürt, der mit großer Helligkeit brennt. Der Lichtbogen kann Temperaturen von 6000–8000°C erreichen. Der Temperaturunterschied zwischen Achse und Wand beträgt somit mehrere 1000°C. Eine relativ hohe Strahlungsemission liegt im Gebiet zwischen 2800 ÅE und 3200 ÅE. Das Spektrum ist sehr linienreich. Die Linien sind infolge der hohen Temperatur verbreitert. Das kontinuierliche Spektrum tritt verhältnismäßig stark auf. Dies gilt vor allem für die Höchstdrucklampen, die deshalb für die Raman-Spektralanalyse unbrauchbar sind.

Bei derselben Stromstärke müssen Quecksilberlampen gleicher Leistungsaufnahme bei Niederdruck sehr viel länger als bei Hochdruck sein, wie aus folgender Übersicht hervorgeht:

Druck, at	0,001	1	30
Gradient, Volt/cm	0,6	10	80
Länge der Röhre, cm (für 120 Volt)	200	12	1,5

Solange sich noch ein Überschuß von Quecksilber im Entladungsrohr befindet, ist der Dampfdruck abhängig von der Temperatur der kältesten Stelle im Innern des Rohres. Die Temperatur und damit der Dampfdruck lassen sich in weiten Grenzen durch Bemessung der Belastung der Entladungsröhre und durch Kühlung regeln.

Die Kühlung der Brenner erfolgt entweder durch Kühlrippen, die außen an den Polgefäßen angebracht werden, und durch einen Luftstrom, der die Kühlrippen und das Brennerrohr in seiner ganzen Länge direkt bestreicht, oder durch Kühlwasser, das entweder in einer aufgeschmolzenen Küvette das ganze Brennerrohr umfließt oder in eingeschmolzenen Küvetten nur die Hg-Elektroden kühlt (Abb. 7c). Durch Kühlung wird die relative Intensität des kontinuierlichen Untergrundes herabgedrückt, was jedoch auf Kosten der absoluten Lichtausbeute geht.

Die Lichtausbeute (Hlm/W = Hefnerlumen/Watt) ist vom Dampfdruck des Quecksilbers abhängig. Im Niederdruckgebiet erreicht sie bei 0,1 Torr, entsprechend einer Temperatur des Hg-Vorrates von 90°C, ein Maximum von etwa 20 Hlm/W, sinkt mit steigendem Dampfdruck herab bis zu $1/3$ dieses Wertes und steigt oberhalb von 3 Torr wieder an, zuerst langsam, im Hochdruckgebiet rascher,

Lichtquellen.

	Untergrund · 10³			Hg e	f	g
	$\lambda = 4420$	4392	4369	4358	4348	4339 ÅE
a) Westinghouse H—1 bei 400 Watt	53	94	640	—	1/22	1/62
b) Westinghouse H—1 bei 530 Watt	78	150	1000	—	1/17	1/49
c) Westinghouse H—11 bei 75 Watt	6,3	11,7	34	—	1/54	1/130
d) Niederdrucklampe von 20 cm Länge und 4 cm Querschnitt in vertikaler Stellung mit zwei Hg-Elektroden, von denen die Kathode luftgekühlt wird						
1. 5,0 Ampere, 110 Watt	4,8	9,6	31	—	1/123	1/340
2. 7,2 Ampere, 150 Watt	5,8	10,0	30	—	1/90	1/240
3. 11,1 Ampere, 260 Watt	6,1	11,1	33	—	1/44	1/125
e) Niederdrucklampe 70 cm lang, 4 cm Querschnitt in horizontaler Stellung, 10 Ampere, beide Elektroden gekühlt				—	1/130	1/350

bis bei 10 at ein Grenzwert von etwa 70 Hlm/W erreicht wird. Das Minimum bei 3 Torr entspricht dem Gebiet, in dem die Einschnürung der Säule beginnt. Hier ist der Übergang zwischen Niederdruck- und Hochdruckgebiet.

Die Abhängigkeit vom Lampentyp und den Betriebsbedingungen für die Intensität des Untergrundes im Bereich von Hg e ($\lambda = 4358$ ÅE) verglichen mit der Linie Hg e sowie für das Intensitätsverhältnis von Hg e:f:g soll am Beispiel einiger in Amerika üblicher Brenner gezeigt werden (16).

Die Intensitätsmessungen wurden photoelektrisch durchgeführt und ergaben (s. Tabelle).

Die Lampentypen H—1 und H—11 sind keine Vakuumlampen, da sie ein Zündgas enthalten. Das eingefüllte Quecksilber verdampft vollständig, so daß der Lampendruck von dessen Menge abhängt. Beim Typ H—1 ist nicht nur der Untergrund sehr stark, sondern auch die Linien sind sehr verbreitert. Der Gebrauch dieser Lampe ist nur dann zu empfehlen, wenn eine hohe Intensität mit einer großen Konstanz über längere Zeit erforderlich ist. Die spektrale Charakteristik der Niederdrucklampen (d und e) ist recht günstig. Außerdem sind die Linien scharf und zeigen eine gute Feinstruktur. Durch Kühlung beider Elektroden (e) wird auch das Intensitätsverhältnis von Hg e:f:g noch zugunsten von Hg e verschoben. Die Charakteristik der Lampe H—11 ist denjenigen von Vakuumlampen zwar ähnlich, doch ist die Leuchtdichte geringer und die Linien des Zündgases verschwinden nicht sicher, so daß schwache Raman-Linien vorgetäuscht werden können.

Von den vielen Brennertypen, die im Gebrauch sind, sollen nur noch wenige erwähnt werden. Für die im Handel befindlichen Brenner geben die Lieferfirmen die günstigsten Betriebsbedingungen an, an die man sich halten sollte. Diese Brenner sind meist so konstruiert, daß sie sich einfach in Raman-Lampen einbauen lassen. Die Wechselstromlampe Hg Q 500 der Firma Osram besitzt eine besonders hohe Leuchtdichte pro mm Lichtbogenlänge und würde sich für geringe Substanzmengen in kurzen Raman-Röhren gut eignen. Der 4 cm lange Brenner sitzt in einem evakuierten Glühlampenkolben, der leicht entfernt werden kann. Nach Versuchen von F. FEHÉR und Mitarbeitern (17) brennt dann die Lampe in der geschlossenen Raman-Kammer auch ohne diesen Wärmeschutz stationär bei hoher Leistungsaufnahme, wenn die Elektroden mit etwas Asbestpapier umwickelt werden.

Für längere Raman-Rohre hat F. FEHÉR eine neue Quecksilberlampe konstruiert, bei der ein Lichtbogen von 8 cm Länge mit 1500 Watt brennt. Das Brennrohr ist von einer aufgeschmolzenen Küvette umgeben und wird von 70° warmem Kühlwasser direkt gekühlt. Die Raman-Linien lassen sich bei Benutzung dieser Lampe direkt beobachten.

H. GERDING und W. Q. NIJVELD (18) verwenden eine spiralförmig um das Streugefäß gewundene Quecksilberleuchtröhre mit Neonzusatz, wie sie zuerst von WOOD für Neonlampen konstruiert wurde. Die Röhre hat eine Gesamtlänge von 4,5 m, einen Durchmesser von 10 mm (Durchmesser der Spirale 40 mm), wird mit 6000 Volt und 60—100 Milliampere betrieben und soll sehr sicher arbeiten. Der kontinuierliche Untergrund tritt nur schwach auf.

D. H. RANK und Mitarbeiter (19) beschreiben einen Niederdruckquecksilberbrenner, von dem die eine Elektrode wassergekühlt wird, der Oberteil der anderen durch ein Gebläse luftgekühlt (Abb. 7c). Zwei dieser Lampen brennen in Serie mit 110 Volt bei 30 Ampere mit einem Spannungsabfall von 27 Volt in jeder Lampe. Die Quecksilberlinien sind scharf, der kontinuierliche Untergrund ist sehr schwach.

Beim Arbeiten mit Quecksilberlampen müssen die Augen geschützt werden, um schmerzhafte Entzündungen zu vermeiden. Normalerweise genügt eine gewöhnliche Brille, doch trägt man beim Arbeiten in direktem Hg-Licht am besten eine seitlich geschlossene dunkle Schutzbrille.

§ 22. Das Quecksilberspektrum.

In Tabelle 16 sind die wichtigsten Linien des Quecksilberspektrums zusammengestellt.
4385 und 4376 bezeichnen Kontinuumsgrenzen.

Tabelle 16. *Quecksilberspektrum*

Bezeichnung	Wellenzahl cm^{-1}	Wellenlänge ÅE	Intensität	Farbe	Erregerlinie
	14473	6908	3		
	14885	6716	1		
	16036	6234	4		
	16326	6123	3		
	16463	6073	3		
	16973	5890	3		
	17025	5872	1		
	17062	5859	3		
	17226	5804	4		
a	17264	5791	10	gelb	×
b	17327	5770	10	gelb	×
	17614	5676	4		
	18014	5550	1		
c	18308	5461	10	grün	× × ×
	18446	5420	1		
	18494	5406	1		
	18551	5389	0		
	18566	5385	1		
	18634	5365	2		
	18672	5354	3		
	18803	5317	2		
	19457	5138	0		
	19524	5121	1		
	19593	5102	0		
	19813	5046	1		
	19892	5026	2		
	20071	4981	1		
	20154	4960	4		
d	20336	4916	5	grün	
	20415	4897	0		
	20443	4890	1		
	20473	4883	0		
	20717	4826	1		
	20905	4782	1		
	21042	4751	1		
	21168	4723	0		
	22457	4452	1		
	22630	4418	1		
	22790	4385	---		
	22845	4376	—		

Tabelle 16. *Quecksilberspektrum* (Fortsetzung)

Bezeichnung	Wellenzahl cm^{-1}	Wellenlänge ÅE	Intensität	Farbe	Erregerlinie
e	22938	4358	10	blau	× × ×
f	22995	4348	8	blau	× ×
	23016	4344	2		
g	23039	4339	6	blau	×
	23178	4313	2		
	24146	4140	2		
h	24335	4108	5	violett	
i	24516	4078	8	violett	
k	24705	4047	10	violett	× ×
l	25094	3984	4	ultraviolett	× × ×
m	25592	3906	8		×
	25610	3904	1		
n	25621	3902	5		
	25674	3894	1		
	25892	3861	3		
	26170	3820	3		
	26297	3802	3		
	26377	3790	3		
	26511	3771	0		
	26622	3755	0		
	26647	3752	2		
	26989	3704	4		
	27009	3701	2		
	27166	3680	1		
o	27290	3663	8	ultraviolett	× ×
	27293	3663	2		
p	27353	3655	6	ultraviolett	× ×
q	27388	3650	10	ultraviolett	× × ×
	29918	3341	6		
	31922	3132	6		
	31984	3126	8		
	33087	3021	8		
	33687	2968	8		
	34549	2894	8		
	36316	2753	4		
	37652	2655	4		
	37672	2654	4		
	37695	2652	6		
	38804	2576	2		
	39412	2536	10		
	39439	2535	6		

Die für die Erregung in Betracht kommenden Linien sind, je nach ihrer Bedeutung, mit 1, 2 oder 3 × gekennzeichnet (× × × für die Linien größter Intensität). Für die stärksten Quecksilberlinien ist außer der Bezeichnung durch Frequenzen in cm^{-1} oder Wellenlängen in ÅE die durch Buchstaben üblich (z. B. schreibt man statt

22938 cm^{-1} oder $\lambda = 4358$ ÅE auch „Hg e" oder nur „e"). Die mit Intensität 1 und 0 bezeichneten Linien erscheinen praktisch nie in einem Streuspektrum, sie werden jedoch im direkt photographierten Quecksilberspektrum beobachtet und lassen sich zur Bestimmung der Dispersionskurve verwenden. Die übrigen schwachen Quecksilberlinien können dadurch stören, daß sie mit Raman-Linien verwechselt werden oder die Entscheidung erschweren, ob in ihrer Nähe eine Raman-Linie liegt.

Im ungekühlten Zustand der Hg-Lampe ist ein stärkeres Kontinuum zwischen e und d vorhanden. Außerdem ist in der Nachbarschaft von e und k ein Kontinuum mit einer scharfen Grenze.

Da zwischen e und d sowie zwischen g und h nur zwei Linien sind, können in diesen Bereichen Raman-Linien gut beobachtet werden. Aus dem Grunde wählt man als Anregungslinie meist e oder k. Erregung mit a, b und c ist bei gefärbten Substanzen notwendig. Die Bestrahlung mit der Resonanzlinie 2536 ÅE, deren Intensität bis zu 80% der Gesamtenergie der Hg-Lampe ausmachen kann, wird trotz der dann sehr intensiven Streustrahlung selten angewandt, weil meist Störungen durch Fluoreszenz oder chemische Zersetzung zu erwarten sind. Wie FERMI beobachtet hat, kann man jedoch bei Kristallen die Bestrahlung mit 2536 ÅE mit Vorteil anwenden. Um die starke Überbelichtung der Platte mit dieser Anregungslinie zu vermeiden, kann zwischen Streugefäß und Spektrograph kalter Hg-Dampf als Filter eingeschaltet werden, der streng nur 2536 ÅE absorbiert. Es ist dann möglich, auch kleine Raman-Verschiebungen zu beobachten.

§ 23. Lichtfilter.

In der Praxis ist es oft notwendig, von den vielen starken Hg-Linien einige so zu schwächen, daß sie nicht anregend wirken können. Man erreicht dies, indem man zwischen Lichtquelle und Raman-Rohr passend gewählte Filter einschaltet. Diese Filter können Flüssigkeitsfilter sein, die einen geeigneten Farbstoff gelöst enthalten, oder Glasfilter, die aus gefärbten Gläsern bestehen oder gefärbte Schichten zwischen Glasplatten enthalten, oder sie können aus einer Farbschicht bestehen, die direkt auf das Raman-Rohr aufgetragen wird. Die Farbstoffe müssen bei der intensiven Bestrahlung mit Hg-Licht auf lange Zeit lichtbeständig sein, wenn man die Filter bzw. die Filterlösung nicht ständig erneuern will. Die Filter sollen die herauszublendenden Wellenlängen möglichst vollkommen absorbieren, die interessierende Strahlung aber möglichst ungeschwächt durchlassen. Glasfilter kann man sehr bequem in manche Raman-Lampen einbauen und auswechseln. Flüssig-

Tabelle 17. *Flüssigkeitsfilter*

Isolierte Linie ÅE	Hg	Filter	Absorbierter Bereich	Bemerkungen	Literatur
2536		Chlordampf, bei 6,6 Atm. und 20° in 3 cm Schichtdicke	fast alle Hg-Linien bis Hg k	Quarzspektrograph notwendig	23
		Gewöhnliches Glas (Prismen, Linsen usw.)	fernes Ultraviolett		
4047	k	J_2 in CCl_4, 1:5 in 1½ cm Schichtdicke. Konzentration kann innerhalb weiter Grenzen verändert werden	$\lambda > 4047$ ÅE		24
4078	i	$CoCl_2$-Lösungen	$\lambda > 4047$ ÅE		25
4108	h	0,25 g Methylviolett in 1000 ccm Wasser	$\lambda > 4047$ ÅE		26
		Salicylaldehyd zur Lösung von J_2 in CCl_4	$\lambda < 4047$ ÅE		27
		Verdünnte K- bzw. Na-Nitritlösung	$\lambda < 4047$ ÅE		2
4339	g	4% m-Dinitrobenzol in Benzol in 2 cm Schichtdicke	schwächt k auf 1/6600, i auf 1/1500, e auf 73%, unterdrückt sehr stark den kontinuierlichen Untergrund	gut lichtbeständig	(nach BÄR)
4348	f				
4358	e	Mischung aus 0,0064 g Methylviolett, 43,0 ccm Methylalkohol, 43,0 ccm Glycerin und 14,0 ccm gesättigter wäßriger Lösung von $NaNO_2$ in 1 cm Schichtdicke	schwächt e auf 78%, k auf 26%, d auf 5%	bis $-50°$ abkühlbar, als Kühlflüssigkeit zu verwenden	(TIMM-MECKE)

	Gesättigte wäßrige NaNO₂-Lösung, Schichtdicke 12 mm	kurzwelligeres Hg-Licht als e, f, g	28
	Lösung von Praseodym-Ammoniumnitrat oder des Mischsalzes von 50% Pr, 30% Nd und 20% La	Unterdrückung des Hg-Kontinuums 4400 bis 4700 ÅE	6
	Wäßrige Lösung von Chininsulfat und Kobaltsulfat in 15 mm Dicke	Chininsulfat verfärbt sich im UV.-Licht	29
	Alkoholische Lösung von 2% p-Nitrotoluol und Rhodamin 5 GDN extra 1:50000		30
	4% p-Nitrotoluol und 1/10000 Kristallviolett RB bläulich in 95% Äthanol		31
5461	0,15 g Malachitgrün und 0,3 g Tartrazin in 1000 ccm Wasser		32
	Halbgesättigte Lösung von Neodymchlorid mit 20% Kupferchlorid		33
c	10 ccm Lösung von 10 g $CuCl_2 \cdot 2 H_2O$ in 10 ccm Wasser + 40 ccm 3 molare Calciumchlorid-Lösung, Schichtdicke 1 cm und Didymnitrat, 30 g auf 100 ccm Lösung, Schichtdicke 1 cm	durch $Cu^{++}: \lambda < 5461$ durch $Nd^{+++}: \lambda > 5461$	34
5770 b			
5791 a	10 ccm Lösung von 10 g $CuCl_2 \cdot 2 H_2O$ in 10 ccm Wasser + 90 ccm 3 molare Calciumchlorid-Lösung, Schichtdicke 1 cm und 15 g Kaliumbichromat in 200 ccm Wasser, Schichtdicke 2 cm		34

keitsfilter haben den Vorteil, daß sie erstens gleichzeitig als Kühlflüssigkeit dienen können und zweitens u. U. kürzere Belichtungszeiten erlauben, wenn man darauf verzichtet, streng nur eine Linie als Anregungslinie zu bekommen. Durch Schwächung von einigen Anregungslinien erhält man Filterspektren, die sich von den ungefilterten so stark unterscheiden, daß bei einiger Übung die Zuordnung der Raman-Frequenzen zu den Erregerfrequenzen bei Benutzung der gefilterten neben der ungefilterten Aufnahme ziemlich leicht möglich ist.

Ein ideales Filter, das bestimmte Spektralbereiche völlig unterdrückt und die interessierenden Wellenlängen ungeschwächt durchläßt, ist noch nicht gefunden worden. Darum werden die Belichtungszeiten bei der Anwendung von Filtern wegen der Schwächung der Anregungslinien immer mehr oder weniger verlängert.

Die Firmen Zeiß (Jena) und Steinheil (München) liefern zu ihren Raman-Lampen passende Filtergläser zur Isolierung der gelben Quecksilberlinien a und b, der grünen Linie c, des blauen Tripletts e, f, g und der violetten Linien h, i, k. Die Schottschen Filter GG 2 und GG 13 unterdrücken den ultravioletten Teil des Spektrums, das Filter GG 2 außerdem den kontinuierlichen Untergrund, färbt sich aber im UV.-Licht mit der Zeit gelblich. K. W. F. KOHLRAUSCH und A. PONGRATZ verwendeten zur Isolierung der Linie Hg c das „Rapidfilter Grün" Nr. 1 der Höchster Farbwerke (20).

In Amerika sind Gelatinefilter unter der Bezeichnung „Wrattenfilter" im Handel. Diese können als Film um das Raman-Rohr gelegt werden. Das „Wrattenfilter 2A" läßt nach Angabe der Autoren weniger als 1% 4047 ÅE und etwa 80% 4358 ÅE durch (21).

G. GLOCKLER und J. F. HASKIN (21) beschreiben eine Filtermischung, die sich direkt auf das Raman-Rohr auftragen läßt. Die Schicht besteht aus in den USA handelsüblichen Kunststoffen: 63% „Beetle 230–8", 20% „Rezyl 330–5", 15% p-Nitrotuluol, 1,5% „Beckamine" und 0,5% „Gui-A-Phene". In diese Mischung ist die gewünschte Menge Rhodamin eingetragen. Das Raman-Rohr wird in die Lösung eingetaucht und dann so lange langsam gedreht, bis die Schicht trocken ist. Das Filter läßt 65% von 4358 ÅE und 10% von 4047 ÅE durch, ist relativ beständiger als Lösungsfilter und gibt keine unnötigen Streuverluste an Grenzflächen Glas-Luft.

F. FEHÉR (22) taucht das Raman-Rohr in eine gefärbte Kollodiumlösung und stellt durch anschließende gleichmäßige Trocknung ein Kollodiumfilter her, das zusätzlich zu Flüssigkeitsfiltern benutzt wird.

Einige gebräuchliche Flüssigkeitsfilter sind in Tabelle 17 zusammengestellt.

B. Versuchsanordnungen.

§ 24. Allgemeines.

Wegen der geringen Intensität der Raman-Streuung muß man bestrebt sein, eine solche Versuchsanordnung zu treffen, daß möglichst viel Licht der Lichtquelle das Raman-Rohr trifft und von dem Streulicht ein möglichst großer Anteil zur Photoplatte bzw. lichtelektrischen Zelle gelangt. In Europa arbeitete man bisher meist mit Prismenspektrographen, während in den USA in den letzten Jahren Beugungsgitter so vervollkommnet wurden, daß Gitterspektrographen den Prismenspektrographen überlegen wurden.

§ 25. Lampen.

Bei Benutzung nur *eines* Quecksilberbrenners erreicht man eine möglichst intensive Beleuchtung des Raman-Rohres nach einem Vorschlag von K. W. F. KOHLRAUSCH am einfachsten durch Anwendung eines elliptisch gebogenen Spiegels, in dessen einer Brennlinie der Hg-Brenner, in dessen anderer das Raman-Rohr sich befinden. Auf diese Weise wird der Leuchtfaden des Brenners im Raman-Rohr abgebildet. Verwendet man zur Erhöhung der Einstrahlungsintensität mehrere Brenner, so wählt man einen solchen Lampenquerschnitt, daß die Brenner sich jeweils in einem Brennpunkt einer Ellipse befinden, während das Raman-Rohr im gemeinsamen anderen Brennpunkt aller Ellipsen angeordnet wird. Der so gebogene Spiegel muß gekühlt werden, was man am einfachsten dadurch erreicht, daß man der spiegelnden Innenwand eines von Wasser durchflossenen Kühlmantels eine entsprechende Form gibt. Dieser Kühlmantel bildet das Lampengehäuse, in dessen Stirnflächen Halterungen für die Brenner und das Raman-Rohr vorhanden sind. Die spiegelnde Fläche muß gegen den Einfluß der Wärme- und UV.-Strahlen der Lampe sowie gegen das Ozon, das sich im Hg-Licht immer bildet, unempfindlich sein. Bewährt hat sich hochglanzeloxiertes Aluminium, während ein vernickelter Überzug ziemlich schnell blind wird. Eine aufgedampfte Magnesiumoxydschicht spiegelt zwar nicht, hat aber ein sehr hohes Reflexionsvermögen und kann auf einfache Weise durch Abbrennen von Magnesium erzeugt und erneuert werden.

In Frankreich arbeitet man vielfach mit einem gut korrigierten, lichtstarken Kondensor, der die Lichtquelle in natürlicher Größe auf der Achse des Raman-Rohres abbildet. Der einzige Nachteil dieser Anordnung dürfte der relativ hohe Preis des Kondensors sein.

Zum Schutz der Substanz gegen die Wärmestrahlung des Brenners und gegen zu intensive UV.-Bestrahlung wird zwischen Brenner und Raman-Rohr eine Küvette angeordnet, die von Wasser oder Filterlösung durchflossen wird. Diese Küvetten können aus einem Metallrahmen bestehen, auf den zwei Glasplatten wasserdicht aufgekittet oder aufgeschraubt sind. In diesem Fall lassen sich Glasfilter, die normalerweise eben ausgeführt sind, zwischen Küvette und Raman-Rohr einführen. Oder die Küvetten bestehen aus einem doppelwandigen, zylindrischen Glasmantel, der über das Raman-Rohr geschoben wird. Diese Anordnung ist bei Verwendung mehrerer Brenner zu empfehlen, weil dann eine Küvette für alle Brenner ausreicht. Schließlich kann man zylindrische Glasrohre verwenden, deren Durchmesser so gewählt wird, daß sie als Sammellinse wirken und das Hg-Licht im Raman-Rohr konzentrieren (35). (Vgl. Abb. 10.)

Das Streulicht des Raman-Rohres kann durch ein Linsensystem auf den Spalt abgebildet werden, das so konstruiert ist, daß der vordere und hintere Teil des Streugefäßes zur Abbildung kommen, wodurch ein großer Teil des Streulichtes ausgenutzt wird. Nimmt man eine Einzellinse, so ordnet man diese so an, daß der mittlere Teil des Raman-Rohres auf dem Spalt abgebildet wird. Bei Verwendung besonders langer Raman-Rohre ergeben sich die günstigsten Verhältnisse zwischen den Dimensionen des Raman-Rohres und der Kondensorlinse, wenn die Beziehung

$$D^2 = L\,\sigma\,s/n$$

erfüllt ist. Darin ist D = Durchmesser des Rohres, L = Länge des Rohres, s = Spaltlänge, σ = die reziproke Brennweite der Kollimatorlinse, n = Brechungsindex der Streusubstanz. Die günstigste Brennweite der Linse ist gegeben durch

$$F = D/\sigma\,(1 - s/f),$$

worin f die Brennweite der Kollimatorlinse ist (36). (Vgl. Abb. 8.) Arbeitet man ohne Kondensor oder Linse, dann wählt man einen möglichst geringen Abstand zwischen Raman-Rohr und Spektrographenspalt.

F. FEHÉR (22) hat mit gutem Erfolg eine Zylinderlinse zur Abbildung des Flüssigkeitsvolumens auf den Spektrographenspalt angewandt. Diese läßt sich sowohl allein als auch in Verbindung mit einem einfachen Kondensor oder einem Abbildungssystem verwenden.

Aus der Vielzahl der verwendeten Raman-Lampen seien nur wenige herausgegriffen: die von Zeiß konstruierte Lampe mit

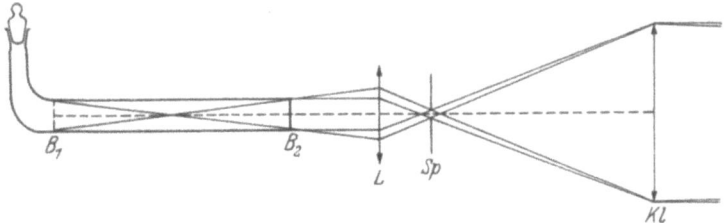

Abb. 8. Zur Abbildung des Raman-Rohres auf den Spalt und die Kollimatorlinse. B_1 = Spaltbild. B_2 = Bild der Kollimatorlinse. L = Linse. Sp = Spalt. KL = Kollimatorlinse.

Gleichstrombrenner ist für Glasfilter derselben Firma vorgesehen. Das Streulicht wird durch ein Linsensystem auf den Spalt projiziert. Die Lampe arbeitet zuverlässig, braucht aber relativ lange Belichtungszeiten.

Steinheil hat eine Lampe für Gleich- und Wechselstrombrenner herausgebracht, für die Glas- oder Flüssigkeitsfilter vorgesehen sind. Zur Kühlung von Brenner, Raman-Rohr und Filter kann Preßluft in die Lampe geblasen werden. Die Belichtungszeiten sind wegen der größeren Helligkeit des verwendeten Brenners und wegen der erforderlichen größeren Substanzmenge kürzer als bei der Zeißschen Lampe (37).

Eine wesentliche Herabsetzung der Belichtungszeit erreicht F. FEHÉR (17) durch eine Neukonstruktion: Zwei wasserdurchflossene Blechmäntel bilden aufeinandergesetzt das Gehäuse der Lampe. Die Innenwände ergänzen sich zu einem zylindrischen Hohlspiegel, dessen Querschnitt eine Doppelellipse mit einem gemeinsamen

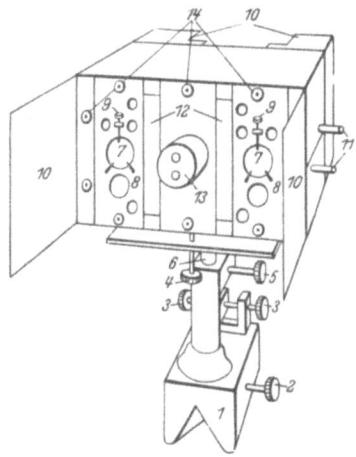

Abb. 9. Raman-Lampe nach J. GOUBEAU. 1 Lampenfuß mit Feststellschraube (2). 3 und 4 Justierschrauben für horizontale (3) und vertikale (4) Justierung. 5 Stellschraube für Zahnstange (6) zum Heben und Senken der Lampe. 7 Öffnungen für die Brenner. 8 Haltestifte (feststehend). 9 Haltestifte (federnd). 10 Lichtblenden. 11 Kühlwasser, Zu- und Abfluß. 12 Öffnungen für Küvetten (Kühlwasser oder Filterlösung). 13 Auswechselbare Haltevorrichtung für Raman-Rohre (hier für Doppelröhrchen). 14 Halteschrauben.

Brennpunkt ist. In der gemeinsamen Brennlinie der beiden elliptischen Zylinder befindet sich das Raman-Rohr, in jeder der beiden anderen Brennlinien eine Hg-Dampflampe. Brenner und Raman-Rohr werden mit aufgeschraubten Stirnflächen gehalten und fixiert. Die Länge der Apparatur ist durch die Lichtbogenlänge der Hg-Dampflampe gegeben. F. FEHÉR benutzte den Wechselstrombrenner Hg Q 500 der Firma Osram für eine 4 cm lange Lampe, die für kleine Substanzmengen (1—5 ccm) geeignet ist. Die Spektren sind scharf, untergrundfrei und sehr lichtstark. Benutzt man größere Brenner, die während des Betriebs gekühlt werden müssen, so genügt zur Kühlung ein gewöhnlicher Ventilator, wenn man die Elektroden des Brenners außerhalb der Lampe mit Kühlrippen versieht,

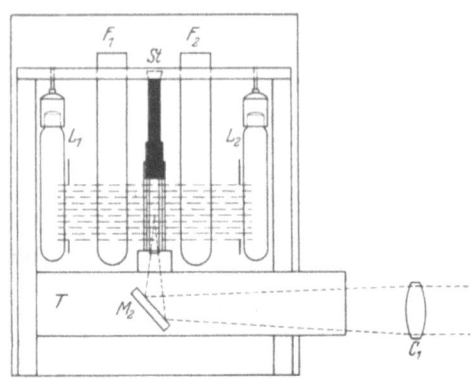

Abb. 10. Raman-Lampe nach D. H. RANK (Schnitt XX in Abb. 16). L_1 und L_2 = Quecksilberbrenner. F_1 und F_2 = Zylinder mit Filterlösung. St = Raman-Rohr. M_2 = Spiegel. T = Lichtkanal. C_1 = Linse.

die Stirnflächen der Lampe in Nachbarschaft der Brenner durchbrochen ausführt und die Luft gegen die Kühlrippen durch die Lampe bläst. Abb. 9 zeigt eine Skizze der Lampe, wie sie von J. GOUBEAU und Mitarbeitern für Doppelröhrchenaufnahmen weiterentwickelt wurde.

D. H. RANK und Mitarbeiter (35) verwenden eine Lampe mit senkrechter Anordnung der Streugefäße. Das Licht von zwei Hg-Lampen wird durch zwei Zylinderlinsen im Raman-Rohr konzentriert. Die Zylinderlinsen bestehen aus zylindrischen Glasgefäßen passend gewählten Durchmessers, die mit Kühlwasser oder Natriumnitrit-Lösung (e-Filter) angefüllt sind (Abb. 10).

Neuerdings verwendet man in Amerika Lampen, bei denen das Raman-Rohr von 6, 8 oder 12 Hg-Brennern umgeben ist, wodurch man eine sehr hohe Einstrahlungsintensität erhält. H. L. WELSCH und Mitarbeiter (36) beschreiben eine Anordnung, bei der ein 100 cm langes Raman-Rohr von 1,6 cm Durchmesser von 8 entsprechend langen Hg-Lampen bestrahlt wird. Mit dieser Anordnung erfordert das Spektrum von CCl_4 eine Belichtungszeit von 5 Sekunden.

§ 26. Streugefäße.

Die Intensität der Primärstrahlung ist stark richtungsabhängig und senkrecht zur Einstrahlungsrichtung am geringsten. Die Intensität der Raman-Strahlung ist weniger richtungsabhängig. Aus dem Grunde beobachtet man die Raman-Strahlung am besten aus einer Richtung, die senkrecht zur Einstrahlungsrichtung liegt. Die Raman-Strahlung ist proportional der Zahl der streuenden Teilchen. Damit ist die günstigste Form für die Streugefäße vorgegeben: Lange Röhrchen, die senkrecht zur Einstrahlungsrichtung angeordnet sind, werden durch die elliptischen Spiegel bzw. den Kondensor der Lampe gut ausgeleuchtet. Senkrecht zur Einstrahlungsrichtung liegen viele Moleküle hintereinander, deren Streulicht in dieser Richtung sich auch ohne optische Hilfsmittel addiert. Für nicht langgezogene Gefäße muß das Streulicht durch optische Hilfsmittel auf den Spalt konzentriert werden, wenn man nicht unnötige Verluste in Kauf nehmen will.

Normalerweise benutzt man Raman-Rohre bis 50 cm^3 Inhalt; jedoch werden auch Streugefäße für 200 cm^3 und solche für 0,04 mm^3! beschrieben (38). Gewöhnlich sind die Raman-Rohre horizontal angeordnet. Steht das Rohr senkrecht, dann muß das Streulicht durch einen Spiegel oder ein Prisma horizontal abgelenkt werden. Das ist immer mit gewissen Lichtverlusten verbunden. Ein Vorteil der senkrechten Anordnung ist der, daß Gasblasen, die sich im Röhrchen bilden können, nach oben steigen und keinen Anlaß zu unerwünschten Reflexen geben können.

Die Streugefäße für Flüssigkeiten bestehen meist aus Glasrohren, die vorn mit einer ebenen Glasplatte abgedeckt sind. Diese Glasplatte ist entweder säurefest aufgekittet oder aufgeschmolzen[1]. Die Rückseite, die nicht vom direkten Licht getroffen werden darf, ist bei horizontaler Anordnung zweckmäßig nach einem

---

[1] Deckgläser lassen sich folgendermaßen auf Glasrohren befestigen: Das Ende eines Glasrohres wird auf einem feinkörnigen Schleifstein eben geschliffen. Feinpulverige, niedrig schmelzende Emaille (Schmelzpunkt etwa 500°) wird mit reinem Paraffinöl zu einem steifen Brei angerührt und gleichmäßig auf das abgeschliffene Ende des Glasrohres gestrichen. Dieses wird dann in einem kleinen elektrischen Ofen bis zum Schmelzpunkt der Emaille erhitzt. (Der Ofen besteht aus einem kurzen Porzellanrohr, das von außen mit Heizdraht umwickelt ist. Von oben läßt sich der Schmelzvorgang beobachten.) Nach dem Erkalten legt man ein Deckgläschen (Stück einer abgewaschenen Photoplatte) auf die Emaille und erhitzt wieder bis zum Schmelzpunkt. Hat die Emaille das Deckglas an den Berührungsstellen benetzt, läßt man das Rohr im abgedeckten Ofen erkalten. Zum Schluß werden die überstehenden Kanten des Deckglases auf einem Schleifstein beigeschliffen.

Vorschlag von R. W. WOOD abgebogen und geschwärzt, so daß störende Reflexe des direkten Hg-Lichts vermieden werden (Abb. 11a). Führt man die Rückwand eben wie die Stirnwand aus, dann kann man mit Hilfe einer Justierblende und umgekehrtem Strahlengang

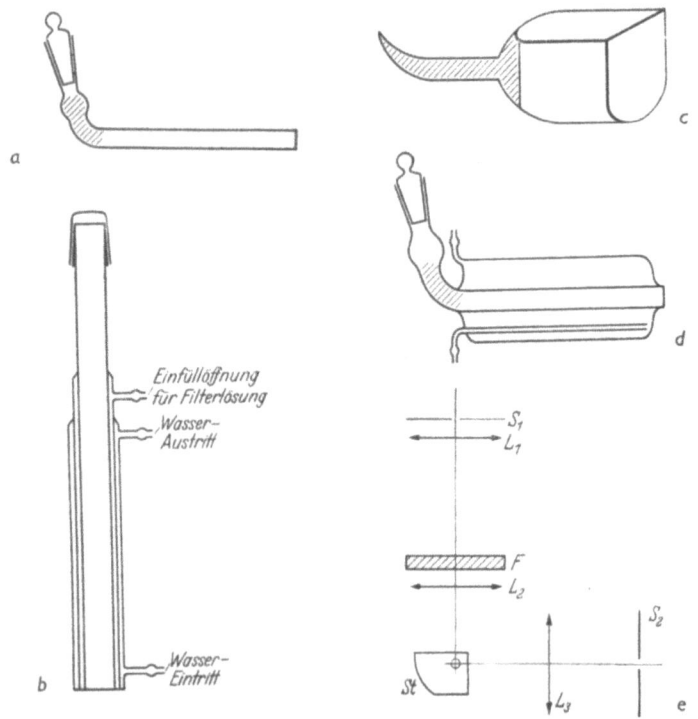

Abb. 11a—e. Raman-Rohre. a nach R.W.WOOD, b nach D. H. RANK, c nach A. ANDANT, d mit Mantelrohr, e Anordnung nach M.VACHER. S_1 = Spalt an der Lichtquelle. S_2 = Spektrographenspalt. L_1–L_3 = Linsen. F = Filterküvette. St = Streugefäß.

(das Licht tritt von der Kameraseite in die Apparatur ein) das Raman-Rohr vor der Aufnahme leicht in die optische Achse einjustieren. Wird die Rückwand mit einem ebenen Spiegel versehen, dann wird ein Teil des nach rückwärts gehenden Streulichts mit verwertet.

Bei senkrechter Anordnung des Raman-Rohres braucht die Rückwand nicht abgebogen zu sein, doch darf der obere Rand der Flüssigkeit nicht von direktem Hg-Licht getroffen werden, um unerwünschte Reflexe zu vermeiden. Reicht die vorhandene Substanzmenge nicht aus, das ganze Rohr zu füllen, dann kann man den oberen Teil des Rohres abdecken und so noch einwandfreie Aufnahmen machen. Auch läßt sich das Volumen dieses Rohres durch Einführung eines Glasrohres verkleinern, so daß bei geringen Substanzmengen die ganze Rohrlänge ausgenutzt werden kann. Ein solches Raman-Rohr mit zwei Mantelrohren ist in Abb. 11b dargestellt. Das äußere Mantelrohr wird von Wasser aus einem Thermostaten durchflossen, so daß eine bestimmte Versuchstemperatur eingehalten werden kann. Das innere Mantelrohr dient zur Aufnahme einer Filterlösung zur Unterdrückung des Hg-Kontinuums von 4400—4700 ÅE. Der Vorteil solch konzentrisch angeordneter Rohre im Vergleich zu isolierten Küvetten und Glasfiltern ist der, daß die Streuverluste an den vielen Grenzflächen Glas-Luft fortfallen. Das senkrecht austretende Streulicht muß horizontal auf den Spalt abgelenkt werden, wozu man entweder ein Prisma oder oberflächenversilberte bzw. -aluminierte Spiegel verwendet, weil diese ein höheres Reflexionsvermögen haben als Spiegelflächen unter Glas. Die Metallschicht kann durch einen MgF_2-Überzug geschützt werden und erreicht ein Reflexionsvermögen von mehr als 99% bei 4500 ÅE.

A. ANDANT konzentriert durch einen Kollimator das Hg-Licht in ein *kurzes* Streugefäß nach Abb. 11c. Für Heiz- und Kühlaufnahmen verwendet man Rohre mit aufgeschmolzenem Mantelrohr (Abb. 11d). Das Mantelrohr wird von einem Thermostaten aus mit Flüssigkeit der gewünschten Temperatur beschickt. Heizaufnahmen mit Temperaturen bis zu 200° lassen sich im gewöhnlichen Raman-Rohr bequem ausführen, wenn man dieses mit einem dünnen Heizdraht so umwickelt, daß das Licht zwischen den Wicklungen hindurch das Rohr noch erreichen kann. Der Heizdraht wird zweckmäßig mit Schwachstrom eines Transformators oder einer Batterie beschickt.

Eine Mikroanordnung zur Untersuchung kleiner Substanzmengen beschreibt A. DADIEU (39). Das Streugefäß besteht aus einer dickwandigen Kapillare von 1—1,5 mm lichtem Durchmesser, die entweder zugeschmolzen oder mit Schliffkappen verschlossen werden kann. Das Gefäß ist auch für hohe Drucke geeignet.

Zur Untersuchung von biochemischen Proben (Vitamin A, Limonen u. a.) verwandte M. VACHER (38) ein Streugefäß von 0,5 mm Durchmesser, das auf eine Länge von 0,2 mm gefüllt wurde, so daß nur 0,04 mm^3 Substanz für die Aufnahme notwendig waren. An das ursprünglich zylindrische Gefäß wurden Flächen angeschliffen und das Licht durch ein Linsensystem auf die Substanz bzw. den Spektrographenspalt projiziert (Abb. 11e).

Für zersetzliche Substanzen haben L. KAHOVEC und J. WAGNER (40) eine Kreislaufapparatur angegeben, die auch bei vermindertem Druck brauchbar ist (Abb. 12). Dabei wird die Füllung des Raman-Rohres während der Belichtung im langsamen Kreislauf durch frisch destillierte Substanz ersetzt.

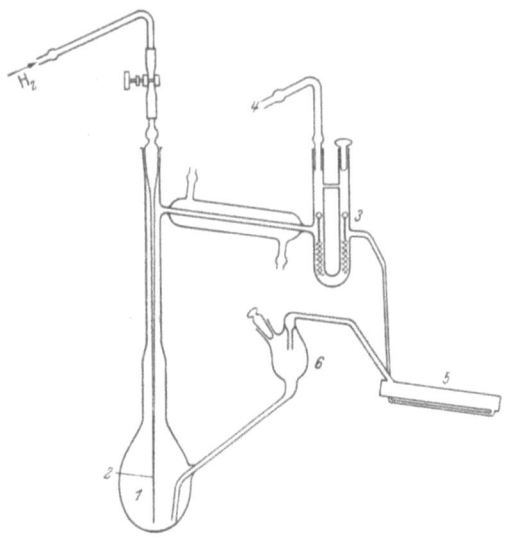

Abb. 12. Kreislaufapparatur nach L. KAHOVEC und J. WAGNER. 1 = Siedekolben. 2 = Siedekapillare. 3 = U-Rohr mit Cu-Drahtnetzrollen im speziellen Fall zwecks Bindung freien Jods. 4 = Zur Vakuumpumpe. 5 = Raman-Rohr. 6 = erweitertes Zwischenstück, um das Abhebern der Flüssigkeit im Raman-Rohr zu vermeiden.

§ 27. Versuchsanordnungen für tiefe Temperaturen.

Da sich Gase nur schlecht aufnehmen lassen, sucht man sie für die Aufnahme zu verflüssigen. Man kann sie entweder verflüssigt in Druckgefäßen eingeschmolzen zur Aufnahme bringen oder in entsprechenden Tieftemperaturanordnungen bei passend gewählter Temperatur. Es sind verschiedene Apparaturen, je nach dem Siedepunkt der Substanz, entwickelt worden.

B. TIMM und R. MECKE (41) kühlen die Substanz entweder durch einen kalten Luftstrom, der das Raman-Rohr in einem Kühlmantel umspült und mit einem Kohlensäure-Aceton-Gemisch vorgekühlt wird. Durch Variation der Strömungsgeschwindigkeit läßt sich die gewünschte Temperatur einstellen. Oder sie pumpen durch den Kühlmantel des Raman-Rohres eine Kühlflüssigkeit, die gleichzeitig als Filter dient (vgl. Tabelle 17). G. B. B. M. SUTHERLAND (42) bringt das vertikal stehende Raman-Rohr (Abb. 13) in ein Dewar-Gefäß A, an dem unten ein mit Ringblenden B versehener Ansatz angeschmolzen ist. Das Dewar-Gefäß ist bis auf einen durchsichtigen Streifen CC, vor den der Hg-Brenner gestellt wird, und den Boden DD versilbert. Es wird mit flüssiger Luft oder mit Alkohol gefüllt, der seinerseits durch das mit flüssiger Luft gefüllte Gefäß E gekühlt wird. Das aus DD austretende Streulicht wird durch das Prisma P horizontal abgelenkt und fällt durch die Linse L auf den Spalt S.

Arbeitet man statt mit einem Dewar-Gefäß mit gewöhnlichen Glasgefäßen, dann müssen die Stellen, die das Licht passieren soll, mit einem völlig trockenen Gasstrom umspült werden, um ein Beschlagen mit Kondenswasser zu vermeiden. Eine solche Apparatur benutzt J. GOUBEAU (43). Eine Apparatur für die Beobachtung an verflüssigten Gasen ist von J. C. MCLENNAN (44) beschrieben (Abb. 14).

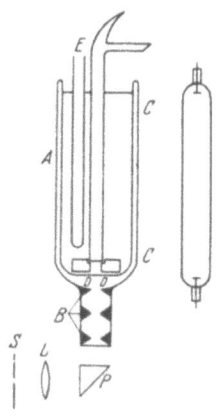

Abb. 13. Tieftemperaturanordnung nach G. B. B. M. SUTHERLAND.

Mit Hilfe von flüssiger Luft wird im Kühlgefäß C das vom Gasometer kommende Gas verflüssigt und in das Raman-Rohr A, das sich in einem Dewarschen, ebenfalls mit flüssiger Luft gefüllten, Doppelmantelgefäß B befindet, überführt. Mit Hilfe des Spiegels S_2 wird das Streulicht, das durch den unten angebrachten Spiegel S_1 verstärkt wird, dem Spektrographen zugeführt. Belichtet wird mit 4 vertikal brennenden Hg-Lampen. H. EPSTEIN und

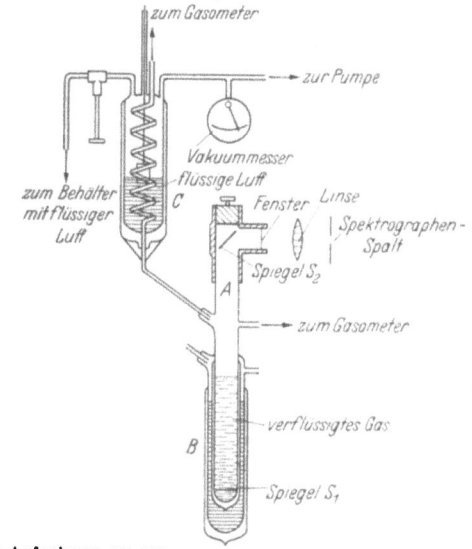

Abb. 14. Apparatur für Raman-Aufnahmen an verflüssigtem Gas nach J. C. MCLENNAN.

W. STEINER (45) haben eine vielseitige, aber auch komplizierte Apparatur angegeben. Sie besteht aus einem U-förmigen Dewar-Gefäß, in dessen einem Schenkel sich das Raman-Rohr und ein Thermoelement befinden, im anderen eine von flüssiger Luft durchflossene Kühlschlange und ein Rührwerk, das die Badflüssigkeit (sorgfältig getrocknetes Pentan) das Raman-Rohr umströmen läßt.

Ein Thermoregulator hält im Bereich von $+30°$ bis $-150°$ die eingestellte Temperatur auf $0,2°$ selbständig konstant. Das Streulicht tritt oben aus dem Raman-Rohr aus und wird durch ein Prisma in den Spektrographenspalt abgelenkt.

G. J. SZASZ und Mitarbeiter (46) verwenden einen Dewar mit zwei ebenen Fenstern am Boden, durch den das Streulicht austreten kann. Der Dewar wird durch einen trockenen Luftstrom gekühlt, den man durch Verdampfen von flüssiger Luft erhält. Die verdampfte Luft wird durch eine Kupferspirale geleitet, die durch flüssige Luft gekühlt wird, und gelangt dann in den Dewar. Durch Variation der Strömungsgeschwindigkeit läßt sich eine bestimmte Temperatur einstellen.

Weitere Tieftemperaturanordnungen werden u. a. von P. DAURE (47), G. GLOCKLER und M. M. RENFREW (48) und A. C. MENZIES und H. R. MILLS (49) beschrieben.

§ 28. Kristallpulveraufnahmen.

Stehen große Kristalle zur Verfügung, dann ist die Versuchsanordnung die gleiche wie bei Flüssigkeiten. Meist hat man aber nur so kleine Kristalle, daß ein einzelner Kristall für die Aufnahme nicht ausreicht. Kristallpulveraufnahmen haben den grundsätzlichen Nachteil, daß durch Reflexion des Primärlichtes dieses so intensiv wird, daß es zu einer starken Überexposition der anregenden Linien auf der Photoplatte führt. Außerdem gibt es durch diffuse Streuung an den Glasteilen der Apparatur Anlaß zu einem starken kontinuierlichen Untergrund, von dem sich die schwachen Raman-Linien nicht mehr abheben. Man wird daher zunächst versuchen, die Festsubstanz im flüssigen Zustand aufzunehmen. Ist das nicht möglich, weil der Schmelzpunkt zu hoch liegt oder die Substanz nur unter Zersetzung schmilzt, dann kann man versuchen, ein geeignetes Lösungsmittel zu finden, dessen Linien allerdings auf der Aufnahme mit erscheinen und später berücksichtigt werden müssen. Ist ein brauchbares Lösungsmittel nicht zu finden, dann kann man die Substanz in eine Flüssigkeit mit annähernd gleichem Brechungsexponenten einbetten (50), wodurch die Reflexion an den Grenzflächen weitgehend unterdrückt wird. Ist auch dieses nicht möglich, so wird man versuchen, durch komplementäre Filterung das Erregerlicht vor Eintritt in den Spektrographenspalt möglichst zu unterdrücken, ohne daß die angrenzenden Raman-Linien zu stark geschwächt werden. Komplementäre Filter wirken in der Weise, daß das Primärfilter zwischen Lampe und Streusubstanz möglichst nur die Erregerlinie durchläßt, für den Bereich der angrenzenden Raman-Linien aber undurchsichtig ist.

Das Sekundärfilter zwischen Streusubstanz und Spektrographenspalt soll für die Erregerlinie undurchsichtig sein, das Raman-Licht aber nicht schwächen. Ideale komplementäre Filter gibt es nicht. Wenn die Resonanzlinie λ 2536 ÅE gebraucht werden kann, so ist diese Aufgabe noch relativ leicht zu lösen: Quecksilberdampf absorbiert die Resonanzlinie selektiv und außerordentlich wirksam. Wegen der Fluoreszenz und photochemischen Zerstörung ist diese Methode bei vielen Substanzen aber nicht anwendbar.

Als komplementäre Filter schlägt R. ANANTHAKRISHNAN (51) vor für

Hg k λ 4047: Primärfilter: Mittelstarke Lösung von Jod in CCl_4.
  Sekundärfilter: $NaNO_2$-Lösung.

Hg e λ 4358: Primärfilter: Sehr verdünnte Lösung von Jod in CCl_4
  (läßt 4047 und 4358 durch, unterdrückt Kontinuum zwischen 4358 und 4916).
  Sekundärfilter: Sehr verdünnte wäßrige Lösung von K_2CrO_4 (schwächt 4358 merklich, läßt größere Wellenlängen durch).

Die für Hg k angegebene Filterkombination ist der für Hg e angegebenen überlegen.

Als Streugefäß für wenig durchsichtige kleine Kristalle hat sich das Raman-Rohr der Abb. 15 bewährt. (Die Kegelspitze wird zweckmäßig geschwärzt.)

Eine verbesserte Komplementärfilteranordnung mit spektraler Zerlegung des Lichtes durch Prismen und Linsen ist von K. W. F. KOHLRAUSCH (52) ausgearbeitet worden. Die Anordnung ist bei

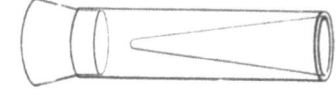

Abb. 15.
Raman-Rohr für Pulveraufnahmen.

sorgfältiger Justierung leistungsfähiger als die mit komplementären Filtern. Für den Gebrauch in der Technik ist diese Anordnung aber zu empfindlich.

J. CABANNES und Mitarbeiter (53) beobachten die Raman-Strahlung von Kristallpulvern in Transmissionsrichtung. Durch Wahl einer optimalen Schichtdicke (zwischen 0,2 mm für besonders opake und 2—3 mm für die transparentesten Pulver) wird erreicht, daß das Primärlicht durch die zahlreichen Reflexionen, Brechungen und Streuungen genügend geschwächt ist, während die Streustrahlung relativ intensiv ist, so daß Raman-Frequenzen oberhalb von 200 cm^{-1} ausgezeichnet beobachtet werden können.

§ 29. Spektrographen.

α) **Allgemeines.** An die Spektrographen werden in der Raman-Spektroskopie hohe Anforderungen an Lichtstärke gestellt, da die Raman-Strahlung nur sehr schwach ist. Von Bedeutung für die zur Beobachtung gelangende Lichtintensität sind die Durchmesser und Brennweiten der Linsen bzw. Hohlspiegel, die Basislängen und Brechzahlen der Prismen bzw. die Gitterkonstanten und Größen der Gitter und die Form der Gitterlinien sowie die Ausleuchtung der Linsen, Spiegel, Prismen und Gitter.

Da bei jedem Übergang des Lichtes von Glas in Luft und umgekehrt ein gewisser Bruchteil nicht den optischen Gesetzen entsprechend abgelenkt, sondern diffus gestreut wird, so bedeuten diese Streuverluste besonders bei wachsender Zahl von Grenzflächen eine unerwünschte Schwächung des Lichtes neben einer Stärkung der den kontinuierlichen Untergrund verursachenden Strahlung. Zur Abhilfe hat sich die Anbringung einer „T-Schicht" oder Schicht von MgF_2 auf allen Glasflächen gut bewährt. Die Firmen Zeiß und Steinheil haben speziell für die Raman-Spektroskopie ein eigenes reflexfreies Objektiv herausgebracht.

Wichtig für die Spektroskopie sind die Dispersion und das Auflösungsvermögen. Zur Zeit ist es üblich, mit Dispersionen zu arbeiten, die mindestens 50 ÅE/mm im blauen Bereich betragen, wenn die Aufnahme photometriert werden soll. Die Dispersion ist abhängig bei Prismenspektrographen von der Zahl der Prismen, ihren Brechungsexponenten, von der Größe der brechenden Winkel, von der Wellenlänge des benutzten Lichtes und von der Brennweite der Kameralinse. Bei Gitterspektrographen hängt die Dispersion ab von der Gitterkonstanten, der Ordnung des Spektrums, der Wellenlänge des Lichtes und der Brennweite der benutzten Linsen oder Hohlspiegel. Die Ablenkung des Lichtes ist bei Gittern der Wellenlänge nahezu proportional, während bei Prismen der kurzwellige Teil des Spektrums weiter auseinandergezogen ist als der langwellige. Wichtiger noch als die Dispersion ist aber das Auflösungsvermögen, die Fähigkeit, zwei nahe benachbarte Linien noch getrennt sichtbar zu machen. Dieses hängt nicht nur von der Dispersion ab, sondern bei Prismenspektrographen auch von der Basislänge der

Prismen, bei Gitterspektrographen von der Zahl der Gitterstriche. Es ist günstiger, mit einem Prismensatz starker Dispersion und kurzer Kamerabrennweite zu arbeiten, als zu versuchen, eine kleine Prismendispersion durch Wahl einer entsprechend größeren Kamerabrennweite auszugleichen. Ein Auflösungsvermögen von $\Delta \nu = 5$ cm^{-1} ist für alle in der Technik vorkommenden Untersuchungen ausreichend.

Bei der Wahl des Spektrographen stehen 2 Typen zur Verfügung, 1. Prismenspektrographen und 2. Gitterspektrographen.

β) **Prismenspektrographen.** Es gibt Prismenspektrographen mit Quarzoptik, Glasoptik und solche mit Flüssigkeitsprismen. Flüssigkeitsprismen haben eine große Dispersion, doch ist diese stark temperaturabhängig. Da die Temperatur aber während der langen Belichtungszeiten der Raman-Aufnahmen nur schwer exakt konstant gehalten werden kann, sind Flüssigkeitsprismen bei der Raman-Spektroskopie wenig gebräuchlich.

Beim Arbeiten mit der sehr starken Resonanzlinie Hg 2536 ÅE ist die Verwendung von Quarzoptik unerläßlich. Da aber diese Erregerlinie im allgemeinen fluoreszenzerregend oder photochemisch zerstörend wirkt, arbeitet man meist mit längerwelligem Primärlicht. Für dieses ist aber Quarzoptik nicht notwendig, so daß man sich normalerweise mit der viel billigeren Glasoptik begnügt. Die wesentlichen Teile eines Prismenspektrographen sind: Spalt, Kollimatorlinse, Prismensatz und Kameraobjektiv.

Der Spalt wird vom aufzunehmenden Streulicht beleuchtet und gilt für die Betrachtungen des Strahlenganges im Spektrographen als Lichtquelle. Die Kollimatorlinse macht aus dem divergenten Strahlenbündel des Spaltes ein paralleles Strahlenbündel. Dieses wird durch den Prismensatz spektral zerlegt. Das spektral zerlegte Licht wird durch die Kameralinse wieder gesammelt. Diese Linse bildet den Spalt für die verschiedenen Spektrallinien gesondert auf der Photoplatte oder dem Empfänger ab. Die Dispersion und die Strahlungsintensität des beobachteten Spektrums hängen wesentlich von der Brennweite und dem Öffnungsverhältnis dieser Linse ab, dagegen kaum von der Brennweite der Kollimatorlinse. Zur Verkürzung der Belichtungszeiten verwendet man häufig eine Kameralinse mit kurzer Brennweite, wenn es weniger darauf ankommt, zwei nahe benachbarte Linien getrennt zu beobachten, als vielmehr darauf, nicht zu lange belichten zu müssen. Gute Kameralinsen sind so konstruiert, daß das Spektrum möglichst in einer Ebene scharf abgebildet wird, während für schlecht oder gar nicht korrigierte Linsen gekrümmte Photoplatten benutzt werden müssen, um das ganze Spektrum scharf zu bekommen. Die Photoplatte steht meist schräg zum Strahlengang, um eine scharfe Abbildung des ganzen Spektrums zu erreichen.

Brauchbare Spektrographen werden von den optischen Firmen aller Länder in den Handel gebracht, in Deutschland von Zeiß und Steinheil, in England von Hilger, in Frankreich von der Société Générale d'Optique. Außer den käuflichen Spektrographen werden vielfach auch eigene Konstruktionen gebraucht.

γ) **Gitterspektrographen.** In neuerer Zeit ist es gelungen, Beugungsgitter herzustellen, deren Lichtintensität der von Prismen nicht nachsteht. Verwendet man statt Linsen oberflächenversilberte oder -aluminierte Hohlspiegel, die ein Reflexionsvermögen bis zu 99% haben können, so fällt der Lichtverlust durch diffuse Reflexion an den Grenzflächen Glas–Luft fort, und die Spektrographen werden sehr lichtstark. Solch ein Gitterspektrograph wurde von D. H. RANK und R. V. WIEGAND (35) beschrieben (vgl. Abb. 16):

Das Licht fällt vom Spalt auf einen parabolischen Spiegel von 240 cm Brennweite und 25,4 cm Öffnung. Die Spiegeloberfläche besteht aus Aluminium. Vom Kollimatorspiegel gelangt das nun parallele Licht auf ein Konkavgitter von 20 cm Durchmesser und 456 cm Radius. Dieses Gitter hat 5900 Linien/cm und besitzt eine Größe von 17,7×8,3 cm. Die Linien haben ein solches Profil, daß im Bereich von 4000–5000 ÅE das Streulicht vorwiegend in das Spektrum 2. Ordnung fällt (bei der Linie 4358 ÅE sind es etwa 40% der Lichtintensität). Im Bereich des Spektrums 2. Ordnung befindet sich im Abstand der Gitterbrennweite vom Gitter entfernt der Spalt des photoelektrischen Empfängers. Das Gitter steht auf einem Drehtisch, der durch ein Schneckengetriebe so langsam gedreht wird, daß eine Umdrehung der Antriebswelle das Gitter um 2 Bogenminuten schwenkt. Die Photozelle ist in einem Metallkasten eingebaut, der auf Trockeneistemperatur (etwa −77°) gekühlt werden kann. Am Kasten befinden sich der Austrittsspalt des Spektrographen, Doppelfenster des Photozellengehäuses und eine Linse, die das Spaltlicht auf die lichtempfindliche Zelle konzentriert. Da sich die Bildebene des Gitters mit der Drehung desselben verlagert, wird der Kasten mit Spalt, Linse und Photozelle der Drehung entsprechend so verschoben, daß der Spalt sich immer in der Bildebene des Gitters befindet.

Das Spektrum wandert mit einer Geschwindigkeit von etwa 11 ÅE/Min. am Spalt vorbei. Mit der Drehung ist ein Schaltwerk gekoppelt, das alle 5 ÅE eine Glühbirne aufleuchten läßt, die so alle 5 ÅE eine Markierung auf dem Registrierstreifen für die Photozelle hinterläßt. Alle 25 ÅE leuchtet zusätzlich ein zweiter Glühfaden der Lampe auf, so daß diese Markierungen schwärzer

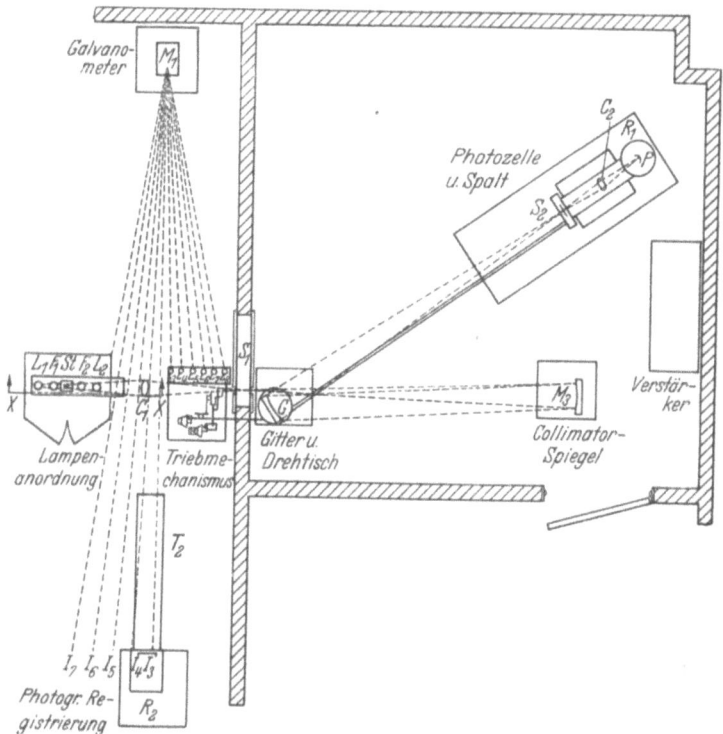

Abb. 16. Gitterspektrograph nach D. H. RANK (Schnitt XX vgl. Abb. 10). St = Raman-Rohr. F_1 und F_2 = Zylinder mit Filterlösung. L_1 und L_2 = Quecksilberbrenner. L_3-L_8 = Glühlampen. M_1 = Spiegel. I_3-I_7 = Lichtmarken. T_2 = Lichtkanal. S_1 = Eintrittsspalt. M_2 = Parabolischer Spiegel. G = Konkavgitter. S_2 = Austrittsspalt. C_1 und C_2 = Linsen. P = Photozelle. R_1 und R_2 = Registrieranordnungen.

werden. Nachdem der gewünschte Spektralbereich durchlaufen ist, schwenkt das Gitter wieder in die Ausgangsstellung zurück. Der Spektrograph registriert automatisch in $\frac{1}{2}$ Stunde ein von Hg e 4358 ÅE angeregtes Spektrum zwischen 150 und 1700 cm^{-1} in Form einer Photometerkurve, aus der Wellenlänge bzw. Raman-Frequenz und Intensität der Raman-Linie zu entnehmen sind (vgl. Abb. 17).

Für Photoaufnahmen kann die Zelle durch eine Kamera ersetzt werden.

84   Experimentelle Methodik.

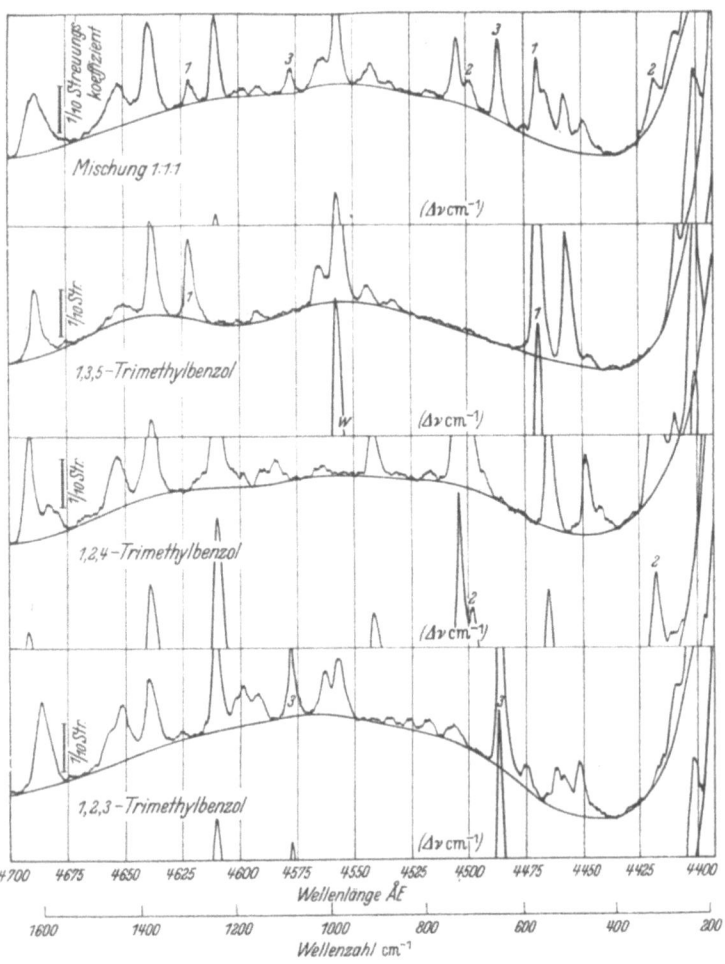

Abb. 17. Photometerkurven nach D. H. RANK.

d) Justierung von Spektrographen und Raman-Rohren. Im allgemeinen werden von den Lieferfirmen die Justierdaten für die Spektrographen angegeben. Da aber durch Transport, Erschütterungen und Temperaturschwankungen Änderungen eintreten können, so muß man vor allem bei großer Dispersion eine Nachjustierung vornehmen. Diese ist auch immer dann notwendig, wenn man bei großer Dispersion in verschiedenen Spektralbereichen arbeiten will, z. B. Anregung entweder mit Hg k oder c und a,b. Die Nachjustierung führt man am besten mit Hg-Licht oder einem Funkenspektrum durch, weil man dann das Spektrum visuell beobachten kann und nicht nur auf Aufnahmen angewiesen ist. Der Spalt und die Linsen müssen senkrecht zum Strahlengang stehen, und zwar genau in der Mitte der optischen Achse. Der Strahlengang muß so eingerichtet sein, daß die Linsenöffnungen möglichst gut ausgeleuchtet werden. Alle blanken Teile im Strahlengang müssen gut geschwärzt, am besten mit Samt ausgeschlagen sein. Da aber auch die beste Schwärzung nie ideal ist, sorge man dafür, daß kein Licht auf Linsenfassungen oder andere nicht zur Optik gehörende Teile des Spektrographen fällt. Störende Reflexe geben Anlaß zu „Geistern", das sind Schwärzungen, die mit Raman-Linien u. U. verwechselt werden können, sowie zu einem Schleier auf der Platte, der schwache Raman-Linien überdeckt. Es ist selbstverständlich, daß der ganze Strahlengang nach außen hin gut abgedunkelt sein muß. Unter Umständen hänge man ein dichtes schwarzes Tuch über den Spektrographen.

Die Spaltbacken sollen exakt parallel stehen. Die Parallelstellung kontrolliert man am besten, indem man den Spalt geschlossen hält und dann nur ganz wenig öffnet. Eine Lichtquelle hinter dem Spalt erscheint dann als Beugungsbild, das über die ganze Länge gleichmäßig stark sein muß. Steht der Spalt nicht genau in der Mitte, dann erhält man im Spektrum schrägstehende Spektrallinien.

Die gebräuchlichen Spaltöffnungen liegen zwischen 0,02 mm und 0,1 mm. Die günstigste Spaltbreite probiert man am besten für jede Anordnung aus, wozu ein Funkenspektrum oder auch das Hg-Spektrum günstiger als das Raman-Spektrum sind, weil einmal die Belichtungszeiten dort viel kürzer und zum anderen die Linien viel schärfer sind als im Raman-Spektrum. Es gibt ein Optimum für die Spaltbreite. Eine Spaltverbreiterung über das Optimum hinaus führt lediglich zu einer Linienverbreiterung, ohne die Linienintensität zu steigern, wogegen die Intensität des Untergrundes mit wachsender Spaltbreite zunimmt. Eine Spaltverengung vom Optimum an bedingt eine Abnahme der Strahlungsintensität und eine Verlängerung der Belichtungszeiten. Bei einem zu engen Spalt wird man schließlich durch Beugung unbrauchbare Spektren erhalten.

Der Abstand der Kollimatorlinse vom Spalt muß so gewählt werden, daß das austretende Strahlenbündel parallel verläuft, weil sonst die Prismen schlechter ausgeleuchtet und die Spektrallinien unscharf abgebildet werden.

Die Prismen werden so eingestellt, daß sie für den mittleren Wellenlängenbereich, mit dem gearbeitet wird, ein Minimum der

Ablenkung ergeben. Dadurch ist die Dispersion in diesem Bereich zwar ein Minimum, das Auflösungsvermögen aber ein Maximum. Als mittleren Wellenlängenbereich kann man für ungefilterte Aufnahmen mit Hg-Licht das Triplett Hg e, f, g wählen.

Bis heute ist man noch nicht in der Lage, für Spektrographen mit Glasoptik so gut korrigierte Kameralinsen herzustellen, daß bei großer Dispersion der gesamte sichtbare Spektralbereich in einer Ebene scharf abgebildet wird. Man wird also namentlich bei großer Dispersion auf gleichmäßige Schärfe aller Linien verzichten müssen, wenn man mit ebenen Photoplatten arbeitet. Man wählt dann einen solchen Kameraauszug und eine solche Schrägstellung der Platte, daß von dem interessierenden Spektralbereich diejenigen Linien eine maximale Schärfe aufweisen, die etwa gleich weit von den Rändern und von der Mitte dieses Spektrums entfernt sind. Auf diese Weise werden die Linien des übrigen Spektralbereichs noch ziemlich gleichmäßig scharf abgebildet. Diese Stellung ermittelt man am einfachsten durch Aufnahmeserien, wie man auch alle übrigen Feinjustierungen am besten durch Aufnahmeserien überprüft.

Eine saubere Justierung des Spektrographen ist notwendig und lohnt sich, da sie ohne Einwirkungen von außen erhalten bleibt. Das Raman-Rohr, das für jede Substanz ausgewechselt wird, wird relativ zu dieser feststehenden Anordnung justiert. Diese Justierung ist wenigstens oberflächlich ständig zu prüfen. Sie ist am einfachsten bei horizontaler Anordnung des Streugefäßes. Meist arbeitet man dazu mit umgekehrtem Strahlengang, indem man das Licht aus dem Spalt austreten läßt. Es genügt, die Kollimatorlinse von hinten zu beleuchten, die Linse durch eine Lochblende so abzudecken, daß nur die Mitte frei bleibt, und das Raman-Rohr durch ein beiderseitig offenes Rohr zu ersetzen. Man beobachtet durch das Rohr die Lochblende der Kollimatorlinse und justiert das Rohr durch Bewegen der Raman-Lampe in diesen Strahlengang ein. Die Lampe ist nun für ein Raman-Rohr gleicher Dimensionen richtig eingerichtet. Etwas schwieriger gestaltet sich die Justierung bei senkrechter Anordnung des Raman-Rohres, weil dann der Strahlengang durch einen Spiegel abgelenkt werden muß, der mit einzujustieren ist. Auch hier arbeitet man am besten, wie oben beschrieben, mit umgekehrtem Strahlengang. Da kein Streulicht von den Gefäßwänden des Raman-Rohres auf den Spalt fallen soll, um eine Überstrahlung mit Primärlicht zu vermeiden, ist die Justierung vor allem bei langen Raman-Rohren sehr sorgfältig durchzuführen. Meist schwärzt man den vorderen Rand des Raman-Rohres oder blendet ihn durch eine Ringblende ab, um störendes Streulicht der Gefäßwände fernzuhalten.

§ 30. Die Aufnahme bzw. Registrierung der Raman-Spektren.

Zur Aufnahme der Raman-Spektren sind bisher zwei Wege beschrieben worden:
1. der bisher allgemein übliche mit Photoplatten,
2. in neuerer Zeit mit photoelektrischen Zellen und Registriergalvanometern.

a) Photoplatten und ihre Hypersensibilisierung. Wegen der geringen Intensität der Raman-Strahlung wird man hochempfindliches Plattenmaterial verwenden, obwohl man damit ein gröberes Plattenkorn in Kauf nehmen muß, was sich bei der Photometrierung ungünstig auswirkt. Da die schwachen Raman-Linien neben den überexponierten klassisch gestreuten Primärlinien auftreten, müssen die Photoplatten unbedingt lichthoffrei sein. Eine Überstrahlung der Photoplatte durch die Primärstrahlung läßt sich vermeiden, wenn man unmittelbar vor der Platte die Hg-Linien durch schmale Blenden herausblendet.

Da sich die Raman-Strahlung einer bestimmten Anregungslinie nur über rund 4000 cm^{-1} erstreckt (das sind etwa 1000 ÅE im Blau), brauchen die benutzten Photoplatten auch nur in diesem Bereich besonders empfindlich zu sein. Nicht sensibilisierte Photoplatten haben ihre maximale Empfindlichkeit im Blau und eignen sich für die Anregung mit Hg k, während die hohen CH-Frequenzen um 3000 cm^{-1} von Hg e in die unempfindliche „Grünlücke" fallen. Zur Beobachtung der Valenzfrequenzen unter 1800 cm^{-1} eignen sich diese Platten auch für die Anregung mit Hg e. Besonders sensibilisiertes Plattenmaterial (orthochromatische oder panchromatische Platten) ist unerläßlich, wenn das Spektrum mit der grünen Linie Hg c oder den gelben Linien Hg a und b angeregt wird. Manche Firmen bringen für die Spektroskopie auch Spezialplatten in den Handel, die den Vorteil haben, daß ihre maximale Empfindlichkeit in bestimmten Spektralbereichen liegt, die für die spezielle Aufgabe wichtig sind, und daß ihre Emulsion besonders gleichbleibend ist.

Zur Steigerung der Empfindlichkeit kann man die Photoplatten noch unmittelbar vor dem Gebrauch hypersensibilisieren. Es sind verschiedene Verfahren ausgearbeitet worden (54). Entweder man läßt Hg-Dampf ein paar Stunden lang auf die Platte einwirken. Es genügt, die Platte in einem lichtdichten Kasten über einem Schälchen mit Hg aufzustellen. Dieses Verfahren ist am wirksamsten, wenn es *nach* der Belichtung angewandt wird. Oder man behandelt die Platten *vor* der Belichtung 5 Minuten lang in einem Hypersensibilisierungsbad, wäscht sie 1 Minute in destilliertem Wasser, entzieht den größten Teil des Wassers durch 5 Minuten langes Baden in 80% Methanol und trocknet die Platte vor dem Ventilator, wobei sie bis auf 35° erwärmt werden darf, ohne daß die Emulsion schmilzt. Da die Lichthofschutzschicht durch die Bäder herausgelöst ist, muß die Glasseite mit einer neuen Schutzschicht versehen werden, um eine Lichthofbildung um die überbelichteten Hg-Linien zu vermeiden. Man kann die Glasseite mit schwarzer Farbe, die sich leicht wieder ablösen läßt und den Entwickler nicht beeinflußt, überstreichen oder mit schwarzem Papier bekleben. Die Platte ist nun 3—4 Tage haltbar und muß dann entwickelt werden. An Hypersensibilisierungsbädern sind zu nennen:

1. 2 g KOH in 100 ccm Wasser.
2. 0,1% KOH + 0,01—0,05% $AuCl_3$.
3. 8 ccm NH_3 konz. + 3 g Na_2CO_3 + 100 ccm Wasser als Stammlösung; 200 ccm Wasser + 5—10 ccm Stammlösung.
4. 500 ccm Wasser + 5—10 ccm NH_3 + 0,09 g Ag_2WO_4.

Durch die Sensibilisierung ändert sich die Gradation der Platte. Für Agfa-Spektralplatten hat sich Silberwolframat besonders bewährt. Man erreicht damit eine Intensitätssteigerung etwa auf das Dreifache für mittelstarke Raman-Linien, auf das Sechsfache für schwache Linien im c-Bereich. Im k-Bereich sind die entsprechenden Werte etwa halb so groß. Da die sensibilisierten Platten manchmal unregelmäßig verschleiern, eignen sie sich nicht für Aufnahmen, die photometriert werden sollen.

β) **Photozellen und Registriergalvanometer.** Bei sehr lichtstarken Anordnungen kann man mit sehr empfindlichen Photozellen, Verstärkern und Galvanometern die Raman-Strahlung aufnehmen. Solch eine Anordnung wurde u. a. von D. H. RANK (35), C. H. MILLER und Mitarbeitern (55) und J. Y. CHIEN und P. BENDER (56) beschrieben (vgl. § 29 γ). Das Raman-Licht fällt auf eine Photozelle. Der Photostrom wird auf das 10^8-fache verstärkt und betreibt dann ein Spiegelgalvanometer. Der geringste meßbare Photostrom bei Trockeneistemperatur (etwa $-77°$) beträgt bei dieser Anordnung 2 bis 5×10^{-17} Ampere. Das zur Registrierung dienende Photopapier läuft mit konstanter Geschwindigkeit an einem Spalt vorbei, auf den der Lichtzeiger des Galvanometers gerichtet ist und der durch den in § 29 γ beschriebenen Mechanismus alle 5 bzw. 25 ÅE durch eine Glühbirne beleuchtet wird, so daß die Photometerkurve und die Wellenlängen photographisch registriert werden.

Um die Lichtintensität zu erhöhen, wurden der Eintritts- und Austrittsspalt des Spektrographen 0,6 mm weit gewählt, was einer

Frequenzbreite von 11 cm^{-1} entspricht. Es ist möglich, scharfe Linien von 15 cm^{-1} Abstand zu trennen. Schwache Raman-Linien entgehen der Beobachtung. Diese Anordnung ist daher wohl für analytische Zwecke gut geeignet, nicht aber zur Erlangung vollständiger Spektren.

Abb. 17 zeigt eine typische Photometerkurve, die mit diesem Apparat aufgenommen wurde. Die Untergrundskurve wurde nachträglich eingezeichnet. Für Intensitätsmessungen mißt man den linearen Abstand von den Linienspitzen bis zum Untergrund, da die Intensitätsskala bei dieser Anordnung linear ist. Das ist ein grundsätzlicher Vorteil gegenüber Photoplatten, bei denen ein logarithmischer Zusammenhang zwischen Schwärzung und Intensität besteht.

§ 31. Polarisationsmessungen.

Für theoretische Erörterungen sind Polarisationsmessungen unerläßlich, aber auch bei der qualitativen Analyse kann der Polarisationszustand einer Linie zu deren näheren Charakterisierung und damit Zuordnung zur einen oder anderen Substanz mit herangezogen werden. Für Polarisationsmessungen bestrahlt man die Substanz entweder mit unpolarisiertem, im wesentlichen parallelem Licht, das aus einer Richtung einfallen muß, die senkrecht zur Beobachtungsrichtung liegt, oder mit polarisiertem Licht. Im ersten Fall wird das Streulicht durch eine Kalkspatkombination in die beiden senkrecht zueinander schwingenden Komponenten zerlegt, die räumlich getrennt und elliptisch polarisiert auf den Spektrographenspalt fallen und als zwei getrennte Spektren aufgenommen werden. Diese von A. W. REITZ (57) beschriebene Methode braucht eine zusätzliche Optik und ist reich an Fehlermöglichkeiten. Vor allem aber lassen sich nur 2 Quecksilberbrenner benutzen, deren Licht noch stark geschwächt wird, da es nur aus einer wohldefinierten Richtung einfallen darf. Der Vorteil dieser Anordnung ist der, daß beide Spektren gleichzeitig aufgenommen werden.

Verfügt man über Lampen, die mit Hilfe von Spannungsgleichhaltern lange Zeit mit konstanter Helligkeit brennen, dann kann man vergleichbare Spektren auch nacheinander aufnehmen. Bestrahlt man in diesem Fall die Substanz mit polarisiertem Einfallslicht, dann lassen sich mehrere Lampen anordnen, wodurch die Belichtungszeit entsprechend verkürzt wird. B. L. CRAWFORD und W. HORWITZ (58) beschreiben solch eine Anordnung. Das Licht mehrerer Lampen fällt durch ein Blendensystem aus parallelen

90 Experimentelle Methodik.

Platten durch eine Zylinderküvette mit Filterlösung von allen Seiten (nicht nur aus 2 Richtungen) senkrecht auf das Raman-Rohr. Die Lampen werden durch einen regelbaren Luftstrom gekühlt. Über das Raman-Rohr ist ein Glasrohr geschoben, auf dem ein Polarisationsfilter angebracht ist, das von einem „Wrattenfilter 2A" und einer schützenden Cellophanschicht überdeckt ist. Es wurden zwei dieser Filter hergestellt, die gleich waren, nur mit dem Unterschied, daß das Licht einmal in Richtung der Raman-Rohrachse schwingt, einmal senkrecht dazu. Somit ist ein leichtes Auswechseln der Filter möglich. Die Belichtungszeit dieser Anordnung betrug 13 Minuten, um Benzol 992 cm^{-1} zur Schwärzung 1,0 zu bringen.

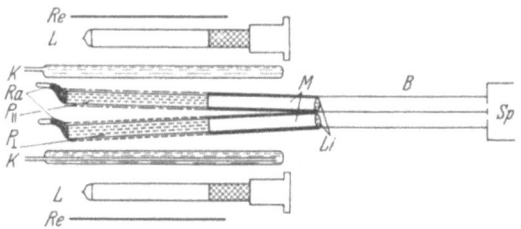

Abb. 18. Doppelrohranordnung für qualitative Polarisationsmessungen nach G. GLOCKLER. Re = Reflektor. L = Hg-Lampen. K = Küvette mit Kühlwasser. Ra = zwei Raman-Rohre. $P(II)$, $P(I)$ = Polarisationsfilter. M = Messinghülsen. Li = Linsen. B = geschwärzte Blenden. Sp = Spektrograph.

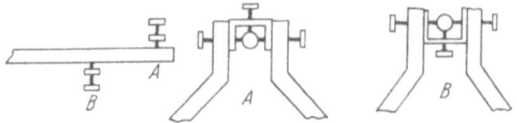

Abb. 18a. Justieranordnung zu Abb. 18.

G. GLOCKLER und YO-YUN TUNG (59) verwenden zur qualitativen Feststellung, ob eine Linie polarisiert oder depolarisiert ist, folgende Anordnung (vgl. Abb. 18): 2 in Messinghülsen steckende Raman-Rohre werden durch je 6 Stellschrauben so justiert, daß ihre Strahlungsintensität auf der Photoplatte gleich ist. Die zueinander gekehrten Seiten der Rohre sind geschwärzt und der Strahlengang zwischen den Rohren bis zum Spektrographenspalt abgeschirmt, so daß das Streulicht der beiden Rohre den Spalt sicher an zwei getrennten Stellen erreicht.

Die Luftkühlung für die 12 verwendeten Quecksilberbrenner wird durch Thermometer aus Bimetallstreifen automatisch reguliert. Die Raman-Rohre befinden sich innerhalb einer Zylinderküvette und werden durch Luftkühlung temperaturkonstant gehalten. Die Raman-Rohre sind mit Polarisationsfilmen umgeben, so daß der elektrische Vektor im einen Rohr in Richtung der Achse, im anderen senkrecht dazu schwingt. Da das Licht nicht durch Blenden parallel gerichtet wird, sind quantitative Polarisationsmessungen nicht möglich.

Die grundsätzlichen Vorteile dieser beiden Anordnungen sind die, daß Polarisationsfilter billiger sind und daß man wegen der Anwendung mehrerer Lampen mit kurzen Belichtungszeiten auskommt.

C. Vorbehandlung der zur Spektroskopierung bestimmten Substanz.

§ 32. Allgemeines.

Wegen der geringen Intensität der Raman-Strahlung müssen die störende Fluoreszenz, die Tyndall-Streustrahlung und die klassische Rayleigh-Strahlung möglichst unterdrückt werden. Die Substanz soll „optisch leer" sein, d. h., bei Bestrahlung der Substanz soll man bei Beobachtung senkrecht zur Einstrahlungsrichtung kein Streulicht wahrnehmen können. Bei Tyndall-Streuung wird das Licht mit gleicher Farbe beobachtet, wie sie das eingestrahlte Licht hat. Die Substanz erscheint trüb. Bei einer Eigenfärbung der Substanz und bei Fluoreszenz erscheint die Substanz gefärbt, ist aber oft noch klar durchsichtig. Dieses nicht zur Raman-Strahlung gehörende Licht kann von geringfügigen Verunreinigungen herrühren, überstrahlt aber trotzdem die schwache Raman-Strahlung. Der Zweck der Reinigung der Substanz vor der Aufnahme ist also der, diejenigen Verunreinigungen zu beseitigen, die Anlaß zu solchen Störeffekten geben.

Die wichtigsten Reinigungsmethoden sollen hier besprochen werden.

§ 33. Chemische Reinigungsmethoden.

Man kennt chemische und physikalische Reinigungsmethoden. Die chemischen gehen den physikalischen voraus, weil bei chemischen Reaktionen oft Störsubstanzen entstehen, die sich durch physikalische Reinigung beseitigen lassen.

Die möglichen Reinigungsmethoden sind mannigfaltig und richten sich nach der Natur des zu untersuchenden Stoffes und der Verunreinigungen. Wichtig ist, daß man von vornherein möglichst vermeidet, solche Verunreinigungen in die zu untersuchende Substanz zu bringen. Da Kautschuk, Kork, Hahnfett und Paraffin leicht fluoreszierende Bestandteile abgeben, soll man diese Stoffe möglichst nicht mit Substanzen in Berührung bringen, die ramananalytisch untersucht werden sollen. Man arbeitet daher zweckmäßig in Schliffapparaturen mit gut passenden Schliffen und hebt die Substanzen in Schliffflaschen auf. Eine häufig vorkommende Verunreinigung in organischen Substanzen ist Wasser. Dies muß unbedingt entfernt werden, weil es meist Anlaß zu einem starken Untergrund gibt. Man trocknet daher die Substanzen sehr sorgfältig, wozu die meisten gebräuchlichen Trockenmittel geeignet sind, z. B. Na_2SO_4, $CaSO_4$, $CaCl_2$, P_2O_5(!) und Na. Es ist jedoch zu beachten, daß P_2O_5 oft selbst verunreinigt ist und diese Verunreinigungen abgeben kann. Von den Trockenmitteln wird die Substanz vor der Destillation abfiltriert, von Na kann sie auch direkt abdestilliert werden. Natrium, das zum Trocknen verwendet werden soll, muß von anhaftendem Petroleum sorgfältig befreit sein. Man behandelt dazu die frisch geschnittenen Stücke zunächst mit Äther, dann Alkohol und zum Schluß wieder mit Äther.

Jodide befreit man vom ausgeschiedenen Jod durch Schütteln mit Quecksilber, mit frisch reduzierten Kupferspiralen oder mit Bisulfitlösung. Auch schwefelhaltige Verbindungen lassen sich manchmal durch Schütteln mit Quecksilber entfärben. Peroxyde werden mit $Fe^{II}SO_4$ beseitigt. Gesättigte Verbindungen können von destillierbaren fluoreszierenden Verunreinigungen durch Bromierung und nachfolgende Destillation befreit werden.

Säuren und Basen lassen sich meist durch Umkristallisation ihrer Salze in Gegenwart von Aktivkohle besser reinigen als durch Destillation.

§ 34. Physikalische Reinigungsmethoden.

Wichtiger als die chemischen sind die physikalischen Reinigungsmethoden: Destillation, Ausfrieren und Adsorption. Davon ist die Destillation die weitaus gebräuchlichste und vielseitigste in ihrer Leistungsfähigkeit.

α) **Destillation.** Bei der Destillation muß man unterscheiden zwischen niedrigsiedenden Substanzen, Siedepunkt bis $+ 30°$ C, Substanzen, die zwischen $+ 30°$ C und $+ 100°$ C sieden, und solchen mit einem Kochpunkt über $100°$ C. Bei niedrigsiedenden Substanzen verwendet man hintereinandergeschaltete Siedekolben, die miteinander durch gut passende Schliffe (ohne Hahnfett) verbunden sind, wenn man nicht die ganze Apparatur zusammenblasen will (vgl. Abb. 19). Die Kolben werden, je nach dem Siedepunkt, mit Eis-Kochsalz, Kohlensäure-Aceton oder flüssiger Luft vorgekühlt, ehe man den ersten mit der ebenfalls gekühlten Substanz füllt. Da diese dabei feucht wird, werden die ersten Kolben mit einem geeigneten Trockenmittel beschickt, das gleichzeitig als Siedeerleichterung dient. Die Öffnungen nach außen sind mit einem Calciumchloridrohr verbunden, damit kein Wasserdampf in die Apparatur hineindiffundieren kann.

Sämtliche Destillationen von einem Kolben in den nächsten werden in der Weise durchgeführt, daß man den die Substanz enthaltenden Kolben mit einem geeigneten Bad erwärmt, nachdem man den nächsten Kolben entsprechend vorgekühlt hat. Eine Fraktionierung kann

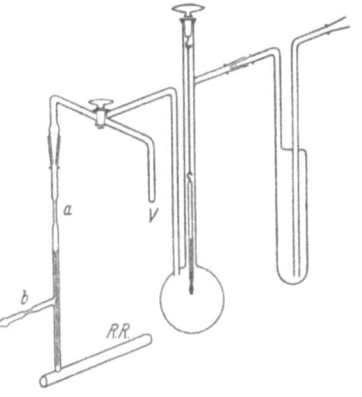

Abb. 19. Tiefsiedeapparatur: Raman-Rohr und zwei Kolben einer Kolbenserie.

durchgeführt werden, wenn man ungefettete Dreiweghähne in die Verbindungswege der einzelnen Kolben einbaut. Der letzte Kolben ist auf alle Fälle mit einem Dreiweghahn versehen, um einen Vorlauf abtrennen zu können. Die Destillation in das Raman-Rohr erfolgt in der aus Abb. 19 ersichtlichen Weise: Das Destillat gelangt durch die Verjüngung a und eine Kapillare in das vorgekühlte Raman-Rohr, das bis zum Ende der Kapillare gefüllt wird. Zur Vermeidung von Überdruck wird der Rest der Substanz im letzten Kolben wieder gekühlt, das Raman-Rohr über den Dreiweghahn mit V verbunden und nun von V aus trockener Stickstoff, Wasserstoff oder CO_2 durchgeleitet, bis die Verengung a frei von Substanz ist. Darauf wird zunächst a, dann b abgeschmolzen. Eine Verkohlung der Substanz beim Abschmelzen wird so vermieden.

Die Destillation bei Temperaturen zwischen 30° und 100° geschieht in bekannter Weise in Schliffapparaturen ohne Verwendung von Kork oder Gummi. Um die Entstehung von fluoreszierenden Oxydationsprodukten zu vermeiden, leitet man während der Destillation einen langsamen indifferenten Gasstrom durch die Apparatur (Stickstoff, Wasserstoff oder CO_2). Das Gas, das absolut trocken sein muß, perlt aus einer Kapillare durch das Siedegefäß und verhindert somit Siedeverzug und Verspritzen der Substanz. Das Erhitzen des Siedekolbens geschieht im Luft- oder Ölbad, nicht mit freier Flamme, um Überhitzung zu vermeiden.

Eine besonders wirksame Reinigung wird durch „Überdunsten" erzielt, weil dabei ein Überspritzen sicher vermieden wird. Das Überdunsten geschieht bei Temperaturen direkt unterhalb des Siedepunktes. Dabei ist auf besonders gute Kühlung des Kondensats zu achten. Der indifferente Gasstrom wird in diesem Fall nicht durch die Substanz geleitet, sondern die Kapillare endet direkt oberhalb des Flüssigkeitsspiegels. Aus dem gleichen Grunde ist auch Destillation an einer Fraktionierkolonne zu empfehlen. Fluoreszierende Bestandteile sind meist höhersiedend. Daher ist bei jeder Destillation ein größerer Nachlauf zu verwerfen, wenn das aus analytischen Gründen erlaubt ist, z. B. bei der Darstellung von Reinsubstanzen.

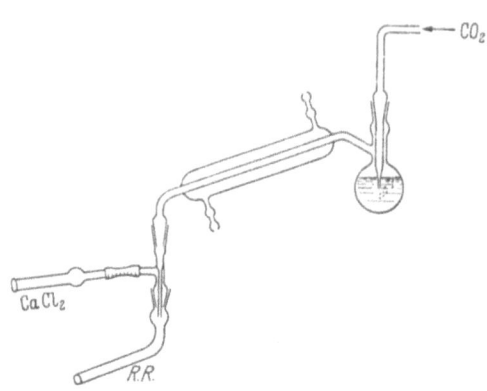

Abb. 20. Destillationsapparatur für quantitative Analysen.

Für eine quantitative Analyse ist es dagegen notwendig, die Substanz restlos überzudestillieren. Man verwendet dazu so kleine Siedekölbchen, daß möglichst jeder tote Raum vermieden wird (Abb. 20).

Höher siedende Substanzen werden bei vermindertem Druck destilliert, so daß der Siedepunkt möglichst unter 100° zu liegen kommt. Zur Siedeerleichterung saugt man dabei mit einer Kapillare einen indifferenten Gasstrom durch die Substanz.

Für die Destillation im Hochvakuum hat sich die in Abb. 21 dargestellte Anordnung bewährt. Die Substanz wird mit einem geeignet geformten Trichter in den ersten Kolben gebracht und dieser dann bei A abgeschmolzen. Darauf wird die ganze Apparatur evakuiert, Kolben A und B befinden sich in einem Luftbad passender Temperatur, die bei A gemessen wird. Kolben B wird vorgekühlt, so daß sich hier die überdampfende Substanz kondensiert. Die Verbindungsrohre sind gebogen, um ein Überspritzen der Substanz zu verhindern. Eine Fraktionierung ist nicht gut möglich,

Vorbehandlung der zur Spektroskopierung bestimmten Substanz. 95

doch kann stets ein Nachlauf abgetrennt werden, wenn die Destillation im Hochvakuum zur schonenden Reinigung einer schon einheitlichen Flüssigkeit bei der Untersuchung einer hochsiedenden Reinsubstanz angewandt wurde. Ist der größte Teil der Substanz in den Kolben B überdestilliert, dann verjagt man eventuell vorhandene Tröpfchen aus dem Verbindungsrohr zwischen A und B,

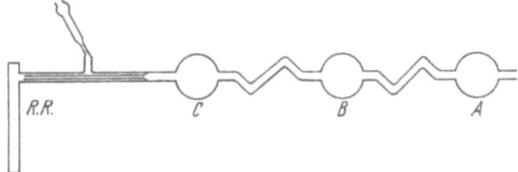

Abb. 21. Anordnung für Destillation im Hochvakuum.

schmilzt bei B ab und wiederholt die Destillation. Man kann die gereinigte Substanz entweder aus Kolben C entnehmen oder direkt ins Raman-Rohr destillieren. Der Normalkochpunkt wird, wenn notwendig, erst nach der Raman-Aufnahme bestimmt.

Bezüglich der Kreislaufapparatur vergleiche Abb. 12.

Die Wasserdampfdestillation ist für viele Substanzen, soweit sie sich dieser Operation unterwerfen lassen, ein weiteres wertvolles Hilfsmittel, fluoreszierende Bestandteile abzutrennen. Natürlich ist auch hierbei eine Schliffapparatur zu verwenden, Kork und Gummi sind zu meiden. An die Wasserdampfdestillation schließt sich meist eine normale Destillation an, nachdem die Substanz sorgfältig getrocknet wurde.

β) **Reinigung durch Ausfrieren.** Manchmal kann durch wiederholtes Ausfrieren und Absaugen des nicht erstarrten Anteils sowie Destillation der so gewonnenen Fraktionen eine Reinigung der Substanz erzielt werden.

Auch in der Substanz gelöste Feuchtigkeit läßt sich manchmal ausfrieren. Sie verursacht dann eine Trübung und wird unter Luftabschluß abfiltriert.

γ) **Adsorption.** Die fluoreszenten Verunreinigungen lassen sich häufig auch durch Adsorption aus Flüssigkeiten entfernen. Als Adsorptionsstoffe können u.a. verwandt werden: verschiedene Sorten A-Kohlen, Bleicherden, Kieselgele, Permutite, Aluminium-, Magnesium-, Calcium- und Zinkoxyde, einzeln und in Gemischen. Die Flüssigkeit wird entweder mit dem Adsorptionsmittel durchgeschüttelt oder durch dieses nach Art der chromatographischen Adsorption durchfiltriert, oder die Dämpfe werden bei der Destillation über das erhitzte Adsorptionsmittel geleitet. Das Adsorptionsmittel richtet sich nach der Natur der Flüssigkeit, bei Alkoholen z. B. Aktivkohle. In der Ölanalyse (11) darf man nicht zu feinpulverige Adsorptionsmittel verwenden, weil diese mit dem Öl sehr zähe Aufschlämmungen bilden, woraus die gereinigten Produkte nur schwer zu isolieren sind. Das gröbere Aluminiumoxyd nach BROCKMANN hat sich hier gut bewährt. Bei der Destillation von Kohlenwasserstoffen kann man die Dämpfe zur Reinigung der Substanz über heißes Silicagel (6) leiten.

δ) **Reinigung fester Stoffe.** Feste Stoffe werden durch Umkristallisation aus einem geeigneten Lösungsmittel u. U. bei Gegenwart von Adsorptionsmitteln (z. B. Aktivkohle) gereinigt. Soll eine Schmelzaufnahme gemacht werden, so empfiehlt sich eine anschließende Destillation oder Sublimation im Vakuum oder Hochvakuum in der in Abb. 21 dargestellten Apparatur. Mechanische Verunreinigungen spielen bei Kristallpulveraufnahmen eine viel geringere Rolle als bei Schmelzaufnahmen. Daher kann bei Pulveraufnahmen die Reinigung durch Destillation oder Sublimation häufig unterbleiben, wenn durch die Umkristallisation ein fluoreszenzfreies Produkt erhalten wurde.

ε) **Die Behandlung von Lösungen.** Zur Herstellung von Lösungen sind möglichst reine Substanzen zu verwenden. Aus diesen wird eine bei der Aufnahmetemperatur gesättigte Lösung hergestellt. Wenn möglich, wird diese mit einem geeigneten Adsorptionsmittel u. U. bei erhöhter Temperatur durchgeschüttelt und nach dem Abkühlen durch ein engporiges gehärtetes Papierfilter oder ein dichtes Glasfrittenfilter filtriert. Der Gebrauch von Papierfiltern hat den Nachteil, daß Filterfasern mit ins Filtrat gelangen können. Man gibt daher die zuerst durchgelaufene Lösung wieder auf das Filter zurück und filtriert noch einmal. Dichte Glasfrittenfilter müssen vor dem Gebrauch sehr sorgfältig gereinigt und getrocknet werden. Bei luft- und feuchtigkeitsempfindlichen Lösungen muß man die meist länger dauernde Filtration in einer geschlossenen Apparatur durchführen, die mit einem trockenen indifferenten Gas gefüllt ist. Die Substanz gibt man dabei durch einen Tropftrichter auf das Filter.

§ 35. Fluoreszenzlöschung.

Manchmal zeigen die aufzunehmenden Substanzen eine Eigenfluoreszenz, die sich nicht durch chemische oder physikalische Reinigungsmethoden beseitigen läßt. Zur Anregung der Fuoreszenzstrahlung ist eine bestimmte Energie $h\nu$ notwendig. Ist die Frequenz ν zu klein oder, was dasselbe ist, die Wellenlänge des einfallenden Lichtes zu groß, dann kann die Fluoreszenz nicht angeregt werden. Aus dem Grunde ist es manchmal möglich, bei blauer Fluoreszenz mit der grünen Linie Hg c oder mit den gelben Linien Hg a und b noch fluoreszenzfreie Raman-Spekten zu erzeugen.

Die Benutzung des langwelligen Erregerlichtes bringt gewisse Nachteile mit sich. Einmal wird das Primärlicht durch die Filterung geschwächt, wodurch längere Belichtungszeiten notwendig werden, zum anderen wird das Raman-Spektrum in den Bereichen der langwelligen Erregerlinien durch Hg-Linien überlagert. So fallen z. B. die um 1000 cm^{-1} liegenden Frequenzen mit den Hg-Linien a und b zusammen, wenn mit Hg c angeregt wurde. Bei Anregung durch die Linien a und b hat man schließlich noch gewisse Schwierigkeiten mit der Zuordnung, weil beide Linien nahe zusammen liegen und fast intensitätsgleich sind. Bei Benutzung von Prismenspektrographen macht sich außerdem die im langwelligen Bereich geringere Dispersion unangenehm bemerkbar. Die Linien werden nicht mehr so gut getrennt wie im kurzwelligen Bereich.

Manche Substanzen wirken in geringen Konzentrationen als Fluoreszenzlöscher. Von A. ANDANT wurde für Kohlenwasserstoffe mit Erfolg Nitrobenzol vorgeschlagen, das oft schon in Konzentration von 0,1–1% recht wirksam ist. Bei Aufnahmen von reinen Ölen macht sich die fluoreszenzlöschende Wirkung jedoch erst bei einer Konzentration von 10% an bemerkbar (60). J. GOUBEAU hat gezeigt, daß aromatische Nitroverbindungen ganz allgemein in aromatischen Kohlenwasserstoffen fluoreszenzlöschend wirken. Auch KJ und KSCN wurden schon als Fluoreszenzlöscher angewandt (61). Doch darf man von diesen Stoffen nicht zu viel erwarten. Einen idealen Fluoreszenzlöscher hat man bis heute noch nicht gefunden.

§ 36. Gefärbte Substanzen.

Gefärbte Substanzen sind im allgemeinen für Raman-Untersuchungen ungeeignet, wenn durch die Farbe das Erregerlicht oder das Raman-Licht absorbiert wird. Schon schwache Verfärbungen, die ihre Ursache in geringfügigen Verunreinigungen haben können, machen die quantitative Analyse unsicher, obwohl die qualitative Analyse manchmal noch möglich ist. Die Intensität der Raman-Strahlung nimmt z. B. auf 90% ihrer Intensität ab, wenn bei einer Probe auf einer Länge von 1 cm die Durchlässigkeit für die Primärstrahlung Hg e 99% beträgt (6). Gefärbte Verunreinigungen sucht man durch die angeführten Reinigungsmethoden zu entfernen. Gefärbte Stoffe lassen sich manchmal noch mit so langwelligem Licht aufnehmen, daß kein Licht der Primärstrahlung mehr von der Substanz absorbiert wird. Zum Beispiel kann man von gelb gefärbten Ölen mit den Hg-Linien c bzw. a und b oft noch Raman-Aufnahmen erhalten (11). Desgleichen geben die gelb gefärbten Polyschwefelwasserstoffe von Hg c angeregt auswertbare Raman-Spektren. Da diese Substanzen nicht fluoreszieren, kann man sie mit ungefiltertem Hg-Licht bestrahlen. Es empfiehlt sich jedoch, die Hg-Linien a und b durch ein Filter von Neodymsalzlösung zu schwächen (22).

Bei Untersuchungen von Ölen und höhermolekularen Stoffen hat sich gezeigt, daß Aufnahmen im Heizröhrchen bei 50–80° bessere Ergebnisse brachten als solche bei Zimmertemperatur. Bei der tiefen Temperatur bilden sich wahrscheinlich Assoziate, die Anlaß zu Tydall-Streuung geben. Bei der höheren Temperatur werden solche Assoziate thermisch zerstört.

D. Die Spektralaufnahme und ihre Auswertung.

§ 37. Die Belichtung der Photoplatte und ihre Entwicklung.

Die Belichtungszeit ist abhängig:

1. von der Zahl der Hg-Brenner, ihrer Strahlungsintensität und der Anordnung, die einen mehr oder weniger großen Teil dieser Intensität im Raman-Rohr konzentriert,

2. von der Art und Menge der streuenden Substanz,

3. von dem Prozentsatz des Streulichtes, das den Spektrographenspalt erreicht,

4. in gewissen Grenzen von der Spaltbreite,

5. von der Lichtstärke des Spektrographen und der Kamera und

6. von der Plattenempfindlichkeit.

Die Lichtstärke der Apparatur probiert man am besten experimentell durch Testaufnahmen von Benzol oder Tetrachlorkohlenstoff aus. Bei sehr lichtstarken Anordnungen ist eine Belichtungszeit von ein paar Sekunden ausreichend, doch rechnet man für die normal verwerteten Apparaturen 10 Minuten bis etliche Stunden. Die Belichtungszeit ist für jede Substanz verschieden und muß daher jedesmal ausprobiert werden.

Bei der Entwicklung der belichteten Platte ist es unerläßlich, die Entwicklungsbedingungen absolut konstant zu halten, wenn die Aufnahme später für die quantitative Analyse ausphotometriert werden soll. Als Entwickler ist jeder klar arbeitende Entwickler geeignet. Die meisten Autoren vermeiden jedoch einen Zusatz von KBr, wenn die Aufnahme ausphotometriert wird. Man entwickelt bei konstanter Temperatur in einem Thermostaten. Die Entwicklungszeit wird mit der Stoppuhr geprüft. Da ein Schaukeln der Entwicklerschale zur Vermeidung des Eberhard-Effektes nicht ausreicht, wird die Gelatineschicht während der Entwicklung ständig mit einem weichen Pinsel überstrichen [Pinselentwicklung (62)]. Darauf wird die Platte wenige Sekunden lang in 2%iger Essiglösung gespült, um den Entwicklerprozeß sofort zu unterbrechen, und in normalem Fixierbad ausfixiert. Die gewässerte Platte wird an einem staubgeschützten Ort zum Trocknen aufgestellt. Das von E. v. ANGERER (62) empfohlene Schnelltrockenverfahren mit Methanol hat sich bei der quantitativen Raman-Spektralanalyse nicht bewährt (63).

§ 38. Die Ausmessung der Photoplatte.

Die Ausmessung der Photoplatte geschieht mit Meßmikroskopen, Komparatoren oder Meßprojektoren. Die Meßmikroskope können längs einer mit Millimeterteilung versehenen Schiene verschoben werden. Im Okular befindet sich eine Strichmarke. Der Abstand zweier Linien ist am Mikroskopschlitten, der einen Nonius trägt, auf 0,05 mm genau ablesbar. Für größere Ablesegenauigkeit bis $1/1000$ mm sind Meßmikroskope mit Mikrometerspindeln geeignet. Doch sind sie im allgemeinen nur für die Ausmessung kürzerer Bereiche von 20—100 mm eingerichtet.

Komparatoren besitzen zwei fest miteinander verbundene Mikroskope, von denen das eine auf die auszumessende Platte, das andere auf einen genauen Maßstab eingestellt ist. Sie sind meist für Bereiche von 100—200 mm Länge eingerichtet.

Mikroskope haben ein beschränktes Gesichtsfeld und ermüden bei längerem Arbeiten. Diesen Nachteil haben Meßprojektoren nicht. Das Bild des Spektrums wird auf einen Schirm projiziert, auf dem eine Marke angebracht ist. Die Platte wird durch eine Mikrometerspindel bewegt, so daß die zu messenden Linien mit der Marke zur Deckung kommen. Die Abstandsmessung erfolgt an einer Teiltrommel der Spindel. Meßmikroskope und Komparatoren lassen sich durch Anbringung eines Spiegels über dem Okular, der das Bild auf einen Schirm wirft, wie Meßprojektoren verwenden.

A. SIMON und F. FEHÉR (64) benutzen einen normalen Projektionsapparat. Der Holzrahmen für die Projektion von Diapositiven wird durch einen Rahmen ersetzt, der die eingespannte Photoplatte durch eine Mikrometerspindel meßbar verschieben läßt.

Beim Gebrauch von Meßmikroskopen und Meßprojektoren, bei denen die Ablesung der Verschiebung an der Trommel einer Spindel erfolgt, ist darauf zu achten, daß der eventuell vorhandene tote Gang der Meßschraube dadurch ausgeschaltet wird, daß man immer von derselben Seite die Linien einstellt. Die Güte und Gleichmäßigkeit der Meßschraube überprüft man durch Ausmessen eines leicht meßbaren Abstandes mit verschiedenen Teilen der Schraube.

Schwache Linien lassen sich unter dem Mikroskop oft schwer erkennen. Das ist vor allem bei starker Vergrößerung der Fall. Aus dem Grunde wählt man für Raman-Aufnahmen Mikroskope mit schwacher Vergrößerung, u. U. mit Spezialoptik für Raman-Aufnahmen. Durch wechselnde Beleuchtung des Spektrums kann man außerdem schwache Linien oft besser erkennen als bei gleichbleibender Beleuchtung. Eine mattierte Spiegelfläche hat sich hier gut bewährt.

Manchmal lassen sich schwache Linien unter einer Lupe besser erkennen als unter einem Mikroskop, vor allem dann, wenn man dabei die Platte so schräg hält, daß man die Linie verkürzt sieht. Diese läßt sich besonders bei großer Dispersion mit einer feinen Nadel auspunkten. Unter dem Mikroskop wird dann diese Marke ausgemessen.

Zur Bestimmung der Raman-Frequenzen mißt man den Abstand der Raman-Linien zu irgendwelchen Bezugslinien, entweder zu scharfen Hg-Linien, z. B. Hg l, h, g, d, c, b und a, die immer klassisch mitgestreut werden, oder zu einem mit aufgenommenen Vergleichsspektrum, z. B. von Fe oder Cu, das durch eine Vorrichtung am Spaltkopf sauber neben dem Raman-Spektrum abgebildet wird. Beim zweiten Verfahren hat man eine große Zahl von Bezugslinien, muß jedoch beachten, daß die Linien immer etwas gekrümmt sind, wodurch Fehler entstehen können. Beim ersten Verfahren ist der zu berücksichtigende Fehler größer, der dadurch entsteht, daß infolge von Druck- und Temperaturschwankungen die Dispersion des Apparates sich ändert.

Es muß für jede Raman-Linie der Abstand zu zwei bekannten Bezugslinien gemessen werden. Ihre Wellenlänge kann man entweder linear interpolieren, wenn die Bezugslinien nahe genug liegen, wie das beim mit aufgenommenen Fe- oder Cu-Spektrum der Fall ist. Oder man errechnet sie mit Hilfe der Hartmannschen dreikonstantigen Interpolationsformel:

$$\lambda = A + \frac{C}{X + B}.$$

Darin sind A, B und C Konstante, die man aus 3 Gleichungen für 3 bekannte Linien errechnen kann, X ist der Abstand von einer Bezugslinie aus. Die Wellenlänge wird dann auf Frequenzen oder Wellenzahlen umgerechnet. Diese mühselige Arbeit sucht man sich durch Anlegen von Eichkurven oder Eichtabellen zu vereinfachen, wenn man öfters Aufnahmen desselben Spektrographen auswerten muß. Eichkurven zeichnet man in einem so großen Maßstab, daß $\frac{1}{2}$ cm^{-1} noch bequem abzulesen ist. Es wird die Frequenz in cm^{-1} als Funktion des Linienabstands a der Raman-Linie von einer leicht auszumessenden Hg-Linie (Hg l, h, g, d, c, b oder a) aufgetragen.

Für Eichtabellen genügt es, die Frequenzwerte für Abstände von 0,01 mm aufzuschreiben. Die Eichkurven bzw. Eichtabellen werden entweder durch Ausmessen eines Funkenspektrums (z. B. Fe oder Cu) gewonnen, dessen viele Linien alle in Tabellen nach Wellenlänge und Frequenz angegeben sind, oder man mißt ein Benzolspektrum mit den Hg-Linien und Benzol 992 cm^{-1} genau aus und berechnet die Zwischenwerte von λ nach der Hartmannschen Interpolationsformel.

Da die Dispersion temperaturabhängig ist, kann sich der Abstand A zwischen zwei Hg-Linien auf A' ändern. Es sind dann alle Werte a vor Benutzung der Eichkurve bzw. -tabelle mit A/A' zu multiplizieren. Die korrigierten Werte kann man auch einmal für alle vorkommenden Fälle ausrechnen und in Tabellen festlegen, deren Gebrauch bequemer und genauer ist als die Rechnung mit dem Rechenschieber. Zweckmäßig unterteilt man die Meßbereiche, z. B. von Hg l–Hg k, Hg k–Hg g, Hg g–Hg d, die Umgebung von c und die von a und b. Man trägt in den Tabellen der einzelnen Bereiche für alle vorkommenden Dispersionsunterschiede die Grenzwerte ein, zwischen denen die rechts angegebenen Korrekturen additiv bzw. subtraktiv zu berücksichtigen sind (Tabelle 18).

Tabelle 18.

Korrektionstabelle für den Dispersionsunterschied im Bereich von 75,000–71,825 (Hg l–Hg h *eines Zeißschen Dreiprismenspektrographen*)

| \multicolumn{5}{c|}{Dispersionsunterschied} | Korrekturen |
1	2	3	4	5 …	
73,4	74,2	74,4	74,6	74,7..	0
	72,6	73,4	73,8	74,0..	1
		72,3	73,0	73,4..	2
			72,2	72,8..	3
				72,1..	4
					5

Die Formel $1/\lambda = \nu$ (in cm^{-1}) gilt für das Vakuum. Arbeitet man nicht mit einem Vakuumspektrographen, was wohl immer der Fall sein wird, dann muß eine Korrektur für den Luftdruck berücksichtigt werden. Am einfachsten entnimmt man die zu den verschiedenen Werten von λ gehörigen Wellenzahlen ν der Kayser-Tabelle (65).

Beim Ausmessen einer Platte werden für die Linien außer den Abständen a von zwei Bezugslinien auch ihre Eigenschaften angegeben, ob die Linie scharf, breit, sehr breit, diffus oder verwaschen ist. Immer wird ihre Intensität abgeschätzt, wozu man meist die Intensitätsstufen von 0—10 wählt (10 für die stärkste Linie), doch sind auch Abstufungen bis 5 oder 20 üblich. Wesentlich ist, daß die relativen Intensitäten innerhalb des Spektrums einigermaßen stimmen. Man erleichtert sich auf diese Weise die spätere Zuordnung und bei der Analyse das Wiedererkennen der Linien. Die relative Schätzung wird dadurch erleichtert, daß man im Mikroskop mehrere Linien sieht, so daß man Vergleiche anstellen kann. Die Schätzung unter dem Mikroskop wird nach der Messung mit freiem Auge oder einer Lupe kontrolliert.

In den Eichkurven bzw. Eichtabellen haben die Bezugslinien bestimmte Werte, in Tabelle 18 hat Hg 1 z. B. den Wert 75000. Bei der Ausmessung der Aufnahme wird diese Bezugslinie meist nicht mit dem gleichen Wert gemessen. Als erste Korrektur der Meßwerte wird nun die Differenz zwischen diesen beiden Zahlen zu sämtlichen Meßwerten mit dem richtigen Vorzeichen addiert. Nach dieser „Nullpunktsverschiebung" wird als zweite Korrektur der Dispersionsunterschied berücksichtigt. Für diese so zweimal korrigierten Werte wird nun aus den Eichkurven bzw. Eichtabellen die Frequenz in cm^{-1} bestimmt. — Wurde ein linienreiches Vergleichsspektrum mit aufgenommen, dann interpoliert man gleich linear zwischen den Frequenzwerten der am nächsten benachbarten Vergleichslinien für alle Raman-Linien.

§ 39. Ableitung des Raman-Spektrums.

Wäre die Substanz mit einer streng monochromatischen Lichtquelle bestrahlt worden, dann machte die Ableitung des Raman-Spektrums keine Schwierigkeit. Es brauchte nur die Frequenzdifferenz zwischen Primärfrequenz ν und Molekülfrequenz ν_m gebildet werden, um die Raman-Frequenz ν_R zu bekommen:

$$\nu_R = \nu - \nu_m.$$

Da es jedoch noch keine hinreichend starke monochromatische Lichtquelle gibt, arbeitet man meist mit dem diskontinuierlichen, aber nicht homogenen Hg-Licht. In Tabelle 16 sind die wichtigsten Hg-Linien zusammengestellt. Diejenigen, die das Raman-Spektrum anregen können, sind je nach ihrer Bedeutung mit 1, 2 oder 3 × gekennzeichnet (× × × für die stärkste Anregung). Es ist möglich, durch Anwendung geeigneter Filter einen Teil des Spektrums so herauszublenden, daß z. B. praktisch nur die Linien Hg k, i und h oder das Triplett Hg e, f, g oder Hg c oder Hg a und b anregen. Bei solchen Filteraufnahmen ist die Zuordnung der Molekülfrequenzen auch noch relativ einfach. Jedoch können einige Raman-Linien mit Hg-Frequenzen zusammenfallen. Die stärksten Linien können außerdem mehrfach angeregt sein, z. B. auch von i und h bei K-Filter-Aufnahmen, von f und g bei e-Filter-Aufnahmen. Um ein vollständiges Spektrum zu erhalten, reicht also eine einzige Filteraufnahme meistens nicht aus. Bei Aufnahmen mit ungefiltertem Hg-Licht erscheinen auf dem gleichen Spektrum die Raman-Linien aller anregenden Hg-Linien. Abb. 2 soll die Entstehung des Streuspektrums am Beispiel des Chloroforms erläutern. Chloroform hat die Raman-Frequenzen 261 (10), 366 (9), 667 (10), 761 (3 s b), 1215 (2 b) und 3018 (7).

Würde nur Hg e anregend wirken, dann würden im Frequenzbereich 25000—19000 cm^{-1} folgende Raman-Linien beobachtet werden: die rotverschobenen Linien 22938— 261 = 22677 und entsprechend— 366,— 667,— 761, — 1215 und — 3018 sowie die blauverschobenen Linien 22938 + 261 = 23199, + 366, und u. U. + 667. Die Hg-Linie k allein würde im angegebenen Bereich die Linien 24705— 261 = 24444 und entsprechend — 366, — 667, — 761, — 1215, — 3018 und die blauverschobene Linie + 261 auftreten lassen. Ferner fällt die Hg-q-Linie 27388— 3018 = 24370 in diesen Frequenzbereich. Die Linien Hg f und g sowie Hg i sind schwächer, so daß sie nur die stärksten Raman-Linien anregen: Hg f:— 261, — 366, — 667, — 761, Hg g:— 261, — 366, — 667; Hg i:— 261, — 366,— 667,— 761,— 1215 und— 3018. Blauverschobene Linien von diesen schwächeren Hg-Linien findet man nur selten bei sehr starken Raman-Linien und überexponierten Spektren. Unter solchen Umständen kann man auch Linien von Hg h, manchmal auch von Hg l beobachten.

Bei der ungefilterten Aufnahme treten alle diese Linien sowie das Hg-Spektrum gleichzeitig auf. Die Bezirke für die Spektren der verschiedenen Hg-Linien überschneiden sich gegenseitig, wodurch die Zuordnung erschwert wird. In diesem Spektrum wiederholen sich gewisse Frequenzdifferenzen immer wieder. Es ist nun die Aufgabe bei der Aufstellung des Raman-Spektrums, nach solchen sich wiederholenden Frequenzdifferenzen zu suchen. Dabei ist die Linienintensität zu berücksichtigen und zu beachten, daß die Linien Hg k und e am stärksten anregen. Dann folgen Hg q, i, f und o, manchmal auch g und h. Die stärksten Linien lassen sich meistens eindeutig bestimmen. Sie sind normalerweise angeregt im Frequenzbereich von 24700 bis etwa 24000 von Hg q oder k, zwischen 24000 und 23000 von Hg k, zwischen 22900 und 21800 von Hg e, zwischen 21800 und 21300 von Hg k oder e, zwischen 21300 und 18300 von Hg e. Somit lassen sich die stärksten Raman-Linien zwischen 0 und 1650 cm^{-1} meist eindeutig Quecksilberlinien zuordnen, während die Frequenzen von 2200 bis etwa 3400 gestört sind: q-Frequenzen liegen im k-Bereich, k-Frequenzen im e-Bereich, e-Frequenzen fallen in ein Spektralgebiet, wo viele schwache Hg-Linien liegen. Zur eindeutigen Zuordnung der CH-Frequenzen ist daher meist eine k-Filter-Aufnahme notwendig.

Die „Zuordnung" der Raman-Frequenzen zu den Erregerfrequenzen sei an einem Beispiel erläutert: in Tabelle 19 sind die Meßwerte für die Linien, die geschätzten Intensitäten, die Frequenzen und die Frequenzdifferenzen eingetragen. Die Werte für die zweimalige Korrektur der Meßwerte wurden fortgelassen.

Es ist nicht notwendig, die Frequenzdifferenzen zu allen Hg-Linien zu bilden. Man fängt mit den stärksten Linien an, die sicher nur von Hg q, k oder Hg e angeregt sein können. Blauverschobene Linien sind nur für niedere Raman-Frequenzen bis etwa 500 cm^{-1} mit größerer Intensität zu erwarten.

Man geht von der starken Linie Nr. 20 aus und sucht, ob man die Frequenzdifferenz 259 wiederfindet. Auf diese Weise lassen sich die Linien Nr. 1, 2, 6, 16, 17, 18 und 19 erklären. Genau so verfährt man mit Nr. 22 und findet die Frequenz 364 bei den Linien Nr. 4, 7, 15 und 21 wieder.

Bei der weiteren Zuordnung beachte man, daß Nr. 29 bzw. 30 nicht von Hg e angeregt sein können, da eine entsprechende, von k angeregte Linie fehlt. Es kann sich hier nur um Linien handeln, die von Hg k oder i angeregt sind. Linie Nr. 18 wurde als sehr breit beobachtet, obwohl alle anderen Linien mit $\Delta \nu = 260$ cm^{-1} nicht als breit gefunden wurden. Diese Linie fällt mit der Grenze eines Kontinuums zusammen, das sich an Hg e anschließt.

Das gleiche gilt für die Linien Nr. 4 und 7, die mit klassisch gestreuten Hg-Linien zusammenfallen. Manche Autoren geben noch $\Delta \nu \approx 1440$ an. Diese Angabe beruht auf einer falschen Zuordnung der Linien Nr. 16 und 30. Auf einer e-Filter-Aufnahme erscheint Nr. 30 nicht, so daß diese Linie nur von i oder k angeregt sein kann. Zur Linie 31 läßt sich keine entsprechende von k angeregte auf-

Die Spektralaufnahme und ihre Auswertung.

Tabelle 19.
Die Ermittlung des Raman-Spektrums von Chloroform

Nr.	Meßwert	Intensität	cm⁻¹	Frequenzdifferenzen					
	75310	Hg l							
1	74733	0	24964	k + 259	i + 448				
2	72580	4	24446	k — 259	i — 70	q — 2942	p — 2907	o — 2847	
3	72273	4	24369	k — 336	i — 147	q — *3019*	p — 2984	o — 2924	
4	72139	Hg h	24335	k — 370			p — *3020*		
5	71895	2	24273	k — 432	i — 243	q — 3115	p — 3080	o — *3020*	
6	71835	2	24257	k — 448	i — 259		p — 3096	o — 3036	
7	71422	Hg	24149		i — 367				
8	71000	5	24037	k — 668	i — 479				
9	70655	4sb	23944	k — 761	i — 572				
10	70313	3	23850	k — 855	i — *666*				
11	69968	0	23754	k — 951	i — *762*				
12	69776	00	23700	k — 1005	i — 816				e + *762*
13	69438	0	23604	k — 1101	i — 912				e + *666*
14	69035	3sb	23487	k — *1218*	i — 1029				
15	68417	6	23304	k — 1401	i — *1212*				e + *366*
16	68257	0	23256	k — 1449	i — 1260		f + 261		
17	68067	7	23198	k — 1507	i — 1318				e — 260
18	66751	2sb	22785			g — 254	f — 210	e — 153	
19	66604	3	22737			g — 302	f — 258	e — 201	
20	66427	10	22679			g — 360	f — 316	e — *259*	
21	66284	3	22632			g — 407	f — 363	e — 306	
22	66108	10	22574			g — 465	f — 421	e — *364*	
23	65520	2	22376			g — 663	f — 619	e — 562	
24	65389	4	22330			g — 709	f — 665	e — 608	
25	65220	10	22272			g — 767	f — 723	e — *666*	
26	65129	0	22240			g — 799	f — 755	e — 698	
27	64958	7sb	22180			g — 859	f — 815	e — *758*	
28	63708	6b	21726			g — 1313	f — 1269	e — *1212*	
29	63621	8	21692	k — *3013*				e — 1246	
30	63112	4	21501		i — *3015*			e — 1437	
31	62966	1b	21443			g — 1596	f — 1552	e — 1495	
32	59392	2	19916					e — *3022*	

finden. Wahrscheinlich handelt es sich hier um einen Oberton aus $2 \times 758 = 1516 \sim 1495$.

Zum Schluß werden die zueinandergehörigen Frequenzdifferenzen zusammengeschrieben und ein Mittelwert gebildet, u. U. unter Zuteilung von verschiedenen Gewichten. Gestörte Linien werden dabei nicht oder nur mit geringerem Gewicht berücksichtigt (z. B. Nr. 15, weil hier die beiden Linien i — 1212 und g + 366 zusammenfallen). Bei der Angabe des so resultierenden Raman-Spektrums gibt man außer der Raman-Frequenz die Intensität und die anregenden Linien an:

$\Delta\nu = $ 260 (10) ($\pm$ k, i, g, $\pm$ f, $\pm$ e)
365 (9)   (f, $\pm$ e)
665 (10) (k, i, g, f, $\pm$ e)
761 (3sb) (k, i, f, $\pm$ e)
1215 (2b) (k, i, e)
3018 (7) (q, o, k, i, e)

Die Nennung der anregenden Linien unterbleibt oft. Sie ist aber ein Maß für die Vollständigkeit und Güte des Spektrums und erleichtert in Zweifelsfällen die Diskussion.

Im allgemeinen werden bei mittlerer Dispersion starke und scharfe Linien auf 1—2 cm^{-1} genau gemessen. Bei sehr schwachen und auch bei breiten und verwaschenen Linien besteht eine Unsicherheit von $\pm$ 10 cm^{-1}. Durch Mittelwertsbildung von verschiedenen Werten des gleichen Spektrums, von verschiedenen Aufnahmen und schließlich von den Messungen verschiedener Personen erhält man ein Spektrum, dessen Frequenzen auf 1—2 cm^{-1} genau sind. Tabelle 20 gibt einen Überblick der Messungen von verschiedenen Autoren:

Tabelle 20.

An Chloroform erhaltene Ergebnisse verschiedener Beobachter

I	260 (10)	365 (9)	665 (10)	761 (3sb)	1215 (2b)	3018 (7)
II	257 (4)	368 (4)	666 (4)	766 (3)	1214 (2)	3009 (2)
III	261 (6)	366 (8)	667 (6)	762 (4b)	1216 (2b)	3019 (4b)
IV	261 (2,5)	366 (1,9)	667 (2,1)	759 (0,49)	1213 (0,31)	3020 (0,67)
V	261 (10,0)	366 (7,5)	667 (7,5)	762 (4,4)	1216 (1,4)	3019 (2,9)
VI	262,3	366,9	667,2	761,8	1213,5	3017,3
VII	261,1	365,7	667,4	758,6	1213,5	3019,9
Mittel:	260,5$\pm$1,1	366,2$\pm$0,7	666,7$\pm$0,6	761,5$\pm$1,7	1214,3$\pm$1,0	3017,5$\pm$2,4

Spektrum I ist das in Tabelle 19 errechnete, die übrigen sind Ergebnisse von: II = P. PRINGSHEIM und B. ROSEN (66), III = K. W. F. KOHLRAUSCH (2), IV = A. V. RAO (67), V = J. Y. CHIEN und P. BENDER (56), VI = W. M. DABADGHAO (68), VII = J. CABANNES und A. ROUSSET (69). In der unteren Zeile sind die Mittelwerte und die durchschnittlichen Abweichungen der Einzelwerte vom Mittelwert eingetragen. Dieser durchschnittliche Fehler von 1—2 cm^{-1} ist bei breiten Linien größer als bei scharfen.

Bei den Spektren VI und VII ist die erste Dezimale nach dem Komma mit angegeben. Diese Angabe ist irreführend, weil sie eine größere Genauigkeit vortäuscht, als vorhanden ist, denn schon die letzte Stelle vor dem Komma ist unsicher.

Die relativen Intensitäten sind bei I, II und III geschätzt, bei IV wurde die Plattenschwärzung ausphotometriert und auf die

Erregerlinie = 1000 bezogen, bei V die Strahlungsintensität direkt photoelektrisch ausgemessen. Auch die relativen Intensitätsangaben stimmen gut überein.

§ 40. Intensitätsbestimmungen.

Für die quantitative Raman-Spektralanalyse sowie für Polarisationsmessungen genügt die Angabe der geschätzten Intensität nicht. Genaue Intensitätsmessungen beruhen bei Benutzung von Photoplatten auf Schwärzungsmessungen mit dem Photometer. Nur bei sehr lichtstarken Anordnungen lassen sich die Photoplatten umgehen und die Raman-Linien direkt photometrieren. Bei der Emissions-Spektralanalyse sind die Linien viel lichtstärker als bei der Raman-Spektralanalyse. Deshalb ist dort eine Berücksichtigung des Untergrundes oft nicht nötig. Bei den lichtschwachen Raman-Linien darf der Einfluß des Untergrundes nicht vernachlässigt werden.

a) **Intensitätsbestimmungen mit Photoplatten.** Bei der Photoplatte bewirkt die eingestrahlte Lichtintensität eine Schwärzung der Platte, die definiert ist durch

$$S = \log \frac{A_0}{A},$$

worin A_0 den Ausschlag eines linear-anzeigenden Schwärzungsmessers für die klare ungeschwärzte Schicht und A den Ausschlag für die geschwärzte Stelle bedeuten. Der Zusammenhang zwischen Plattenschwärzung und der ursprünglichen Lichtintensität, die diese Schwärzung hervorgerufen hat, ist durch die Schwärzungskurve gegeben, deren allgemeiner Verlauf in Abb. 22 dargestellt ist.

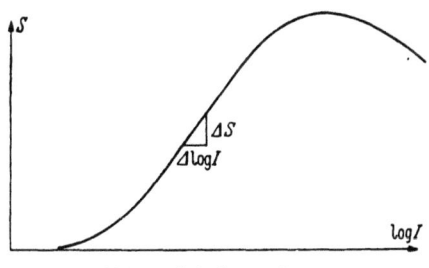

Abb. 22. Schwärzungskurve.

Der Anstieg der Schwärzungswerte beginnt erst bei einem bestimmten „Schwellenwert" der Intensität, wird mit wachsender Intensität steiler bis zu einem geradlinigen Teil und verläuft dann wieder flacher. Im Gebiet der „Solarisation" nimmt schließlich die Schwärzung mit steigender Intensität wieder ab. Die genausten Messungen erzielt man im geradlinigen Teil der Schwärzungskurve, weshalb man die Belichtungszeit möglichst so wählt, daß auch die Schwärzungen der Raman-Linien in dieses Gebiet fallen. Während das Gebiet der Solarisation für Schwärzungsmessungen völlig ungeeignet ist, kann man im Gebiet der Unterbelichtung, in dem die Schwärzungskurve $S = f(\log I)$ noch nicht geradlinig verläuft, noch arbeiten. In diesem Fall verwendet man besser eine andere Form der Darstellung: Als Ordinate wählt man nicht die Schwärzung $S = \log A_0/A$, sondern den Wert $1 - A/A_0$. Als Abszisse nimmt man für sehr geringe Schwärzungen I, sonst $\log I$. Abb. 23 zeigt diese drei Darstellungen der Schwärzungskurve für geringe Schwärzungswerte.

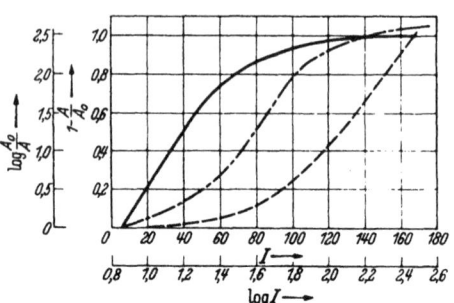

Abb. 23. Verschiedene Darstellung der Schwärzungskurve für geringe Schwärzungswerte (nach A.W. REITZ).

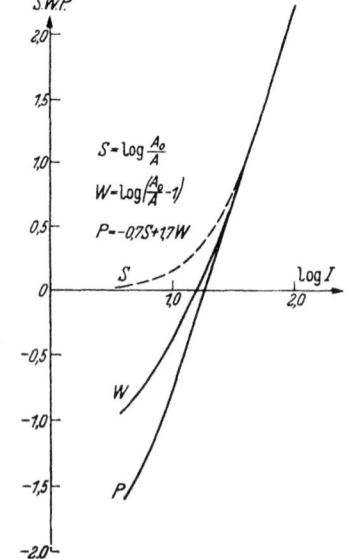

Abb. 24. Verschiedene Darstellung der Schwärzungskurve für geringe Schwärzungswerte (nach H. KAISER).

Trägt man den transformierten Wert $W = \log\left(\dfrac{A_0}{A} - 1\right)$ als Funktion von $\log I$ ein, so zeigt die Kurve für diese Kenngröße einen gestreckteren Verlauf im Vergleich zu der in ihrem unteren Teil gekrümmten Schwärzungskurve. Eine noch bessere Streckung erreicht man nach H. KAISER (70), wenn man als Transformationswert $P = L \cdot S + (1 - L) W$ einführt und P als Funktion von $\log I$ einträgt (Abb. 24). Darin ist $S = \log A_0/A$, $W = \log\left(\dfrac{A_0}{A} - 1\right)$ und L eine Konstante, die aus zwei Schwärzungsmessungen zu bestimmen ist: Ein bestimmtes unveränderliches Intensitätsverhältnis (z. B. zwei Stufen eines Stufenfilters, das man vor den Spalt setzt) wird mit zwei verschieden starken Belichtungen, aber konstanter Belichtungszeit aufgenommen. Für die schwächere Belichtung darf die Intensität nur durch ein echtes Intensitäts-Schwächungsmittel herabgesetzt werden, also, z. B. durch ein vorgesetztes Filter oder durch Vergrößerung des Abstandes Lichtquelle–Stufenfilter, nicht jedoch durch einen rotierenden Sektor. Die Richttransformation ist nun dadurch ausgezeichnet, daß der ΔP-Wert für ein festes Intensitätsverhältnis unabhängig von der Höhe der Schwärzung stets derselbe ist. Die ΔP-Werte für die beiden Belichtungsstufen sind:

$$(\Delta P)_a = L \cdot (\Delta S)_a + (1 - L)(\Delta W)_a$$
$$(\Delta P)_b = L \cdot (\Delta S)_b + (1 - L)(\Delta W)_b.$$

Daraus folgt, wenn $(\Delta P)_a = (\Delta P)_b$

$$L = -\frac{(\Delta W)_a - (\Delta W)_b}{(\Delta S)_a - (\Delta S)_b - [(\Delta W)_a - (\Delta W)_b]}.$$

Zweckmäßig legt man die Belichtungsstufe a in ein Gebiet, wo die Schwärzungskurve annähernd gerade verläuft, also um $S \approx 1$ herum, die zweite Stufe b dagegen in das Gebiet merklicher Krümmung, etwa bei $S = 0{,}2$ oder $0{,}3$, damit die Differenz der beiden ΔS-Werte nicht zu klein wird. Ein festes Intensitätsverhältnis von $0{,}1$–$0{,}3$ hat sich im allgemeinen als richtig erwiesen. Ein Zahlenbeispiel soll die Formel erläutern:

Belichtung	Filterstufe	S	ΔS	W	ΔW
a	1	1,300	0,131	1,278	0,139
	2	1,169		1,139	
b	1	0,256	0,077	— 0,095	0,197
	2	0,179		— 0,292	

$$L = -\frac{0{,}139 - 0{,}197}{0{,}131 - 0{,}077 + 0{,}058} = +0{,}52.$$

Die Richttransformation ist also

$$P = 0{,}52\,S + 0{,}48\,W.$$

Die Schwärzungskurve wird entweder für eine bestimmte Plattensorte durch Vorversuche ein für allemal bestimmt oder für jede Platte gesondert gemessen. Da der Plattenrand oft eine andere Lichtempfindlichkeit zeigt als die Plattenmitte, vermeidet man ihn für genaue Messungen.

Es gibt verschiedene Möglichkeiten, Schwärzungsstufen aufzunehmen. Am einfachsten geschieht das mit Filtern bekannter Durchlässigkeit, die am besten aus einem Metallniederschlag bestehen, da dann die Durchlässigkeit praktisch von der Wellenlänge unabhängig ist. Filter aus mehr oder weniger stark belichteten Photoplatten sind etwas wellenlängenabhängig und nur brauchbar, wenn die Messung der Filterdurchlässigkeit bei der gleichen Wellenlänge vorgenommen wird wie bei der späteren Intensitätsmessung. Bequem arbeitet auch ein rotierender Sektor, bei dem die verschiedene Einstrahlungsintensität einfach durch die Maße der Sektorausschnitte gegeben ist. Ein kleiner Fehler entsteht bei diesem Verfahren durch den „intermittierenden Effekt", doch ist dessen Einfluß so gering, daß er in diesem Fall vernachlässigt werden kann. Sehr genaue Resultate erzielt man mit dem Hansenschen Stufenblendenkondensor, der zehn Schwärzungsstufen hat, deren Intensität nach einer geometrischen Reihe mit dem Quotienten 1,67 ansteigt. Einen linearen Intensitätsabfall längs der Spalthöhe erzeugt man mit der Hirsch-Schönschen Blende (71), die im Kollimator des Spektrographen angebracht wird.

Die Schwärzungskurve soll durch 6—8 Intensitätsstufen bestimmt sein, wovon 4—5 ins Gebiet normaler Schwärzung fallen. Die Schwärzungskurve ist abhängig von der Plattensorte, der Art und Temperatur des Entwicklers, der Entwicklungsdauer, der Wellenlänge und der Belichtungszeit. Die Gradation $\Delta S / \Delta \log I$ oder Steilheit der Schwärzungskurve ist ein Kennzeichen für die einzelnen Plattensorten. Sie verläuft steil bei einer „harten" Platte, weniger steil bei „Rapidplatten". Sie soll für die gleiche Plattensorte konstant sein. Um den Entwicklungseinfluß auszuschalten, arbeitet man immer unter völlig gleichen Bedingungen (Zusammensetzung und Temperatur des Entwicklers, Entwicklungszeit). Die Wellenlängenabhängigkeit ist geringer, so daß man bei nahen Linien mit der gleichen Schwärzungskurve arbeiten kann. Normalerweise kommt man in der Raman-Analyse mit einer allgemeinen Schwärzungskurve aus, die im mittleren Wellenlängenbereich von $\lambda = 4100$ bis $\lambda = 4900$ (Hg h—Hg d) aufgenommen wurde und dann für k- und e-Linien gilt. Für genaue wissenschaftliche Untersuchungen, wo es darauf ankommt, geringe Intensitätsverschiebungen zu messen, muß man für die k- und e-Linien gesonderte Schwärzungskurven benutzen (43).

Die Abhängigkeit von der Belichtungszeit ist charakterisiert durch den Schwarzschildschen Exponenten p. Der Schwarzschild-Effekt (62) besagt, daß Lichtintensität I und Belichtungszeit t mit der Schwärzung S der Photoplatte durch die Gleichung verbun-

Die Spektralaufnahme und ihre Auswertung.

den sind: $S = \log I \cdot t^p$, wobei p Werte zwischen 0,7 und 0,95 besitzt und für dieselbe Plattenemulsion annähernd konstant ist. Soll die absolute Intensität einer Spektrallinie gemessen werden, dann müssen für die Aufnahme der Spektrallinie und der Intensitätsstufen die Belichtungszeiten übereinstimmen. Im geradlinigen Teil der Schwärzungskurve jedoch ist die Belichtungszeit in weiten Grenzen (1:1000) praktisch ohne Einfluß auf die Gradation.

Die Schwärzungsmessungen geschehen am genauesten mit lichtelektrischen oder thermoelektrischen Mikrophotometern (z. B. von Koch-Goos, Moll oder Zeiß, die auch als Registrierphotometer ausgebildet sind). Es ist besonderer Wert auf eine mit konstanter Helligkeit brennende Lichtquelle zu legen. Man bedient sich dabei eines Akkumulators großer Kapazität, oder bei Wechselstrom sehr bequem eines Spannungsgleichhalters, der den Strom gleichzeitig heruntertransformiert. Die Konstanz der Lichtquelle wird während der Messungen ständig beaufsichtigt und gegebenenfalls korrigiert (Spannungsmesser, Schiebewiderstand). Ebenso ist der Nullpunkt des Galvanometers vor und nach jeder Messung zu überprüfen. Die Genauigkeit der Schwärzungsmessung ist aber auch bei konstanter Lichtquelle höchstens auf 1% möglich, weil die Ungleichmäßigkeit des Plattenkorns immer Anlaß zu Fehlern gibt. Je höher empfindlich eine Photoplatte ist, um so gröber ist im allgemeinen das Plattenkorn. Den „Kornfehler" kann man herabsetzen, indem man ein nicht zu kleines Stück der zu messenden Linie auf den Spalt der Photozelle abbildet. Die gemessene Schwärzung ist dann ein Mittelwert über ein größeres Flächenstück. Andererseits darf der Spalt der Photozelle nicht breiter sein als die Projektion der zu messenden Linie auf ihn, weil sonst die gemessene Schwärzung auch eine Funktion der Spaltbreite ist. Auch ist die Krümmung der Linien u.U. dadurch zu berücksichtigen, daß man die Spalthöhe teilweise abblendet. Meist genügt es, die Schwärzung der Linie im Maximum zu bestimmen. Nur wenn man Linien sehr verschiedener Breite miteinander vergleichen will, kann man als zweckmäßiges Intensitätsmaß auch das über die Linienbreite erstreckte Integral benutzen, d. h. die Fläche der auf Intensitätswerte umgerechneten Photometerkurve.

Schwärzungsmessungen mit dem Photometer werden in der Weise ausgeführt, daß die Galvanometerausschläge für die abgedunkelte Zelle (A_∞) und für eine unbelichtete Plattenstelle (A_0) zunächst bestimmt werden: Nun mißt man die Ausschläge für die zu messenden Stellen des Spektrums ($A_1, A_2 \ldots$). Nach jeder Messung wird der Ausschlag für die abgedunkelte Zelle (A_∞) überprüft, nach jeder Meßserie der für die unbelichtete Plattenstelle (A_0), um Fehler, die durch Erschütterungen des Galvanometers und Helligkeitsschwankungen der Lampe entstehen, sofort auszuschalten. Die Schwärzungen werden errechnet gemäß $S_{A_1} = \log A_0/A_1 \ldots$ Manche Photometer, z. B. das Schnellphotometer von Zeiß, haben eine logarithmisch geteilte Skala für die Galvanometerausschläge. Hiermit lassen sich die Schwärzungen direkt ablesen, wenn man den Ausschlag für die abgedunkelte Photozelle auf den Skalenteil ∞ bringt, den für die hellste Plattenstelle auf den Skalenteil 0. Die Intensitäten für die Schwärzungen werden der Schwärzungskurve entnommen: $I_{A_1}, I_{A_2} \ldots$

Sollen zwei Raman-Linien bezüglich ihrer Intensität miteinander verglichen werden, so ist es notwendig, daß sie unter gleichen Bedingungen aufgenommen wurden, was am ehesten bei Linien derselben Aufnahme gegeben ist. Kann man die Aufnahmebedingungen konstant halten, dann lassen sich auch Linien verschiedener Aufnahmen miteinander vergleichen. Auf jeden Fall müssen aber die Plattensorte und die Entwicklungsbedingungen dieselben sein wie bei der Aufnahme der Schwärzungskurve. Für sehr genaue Messungen bestimmt man die Schwärzungskurve für jede Photoplatte extra.

Wegen der geringen Intensität der Raman-Strahlung sind so lange Belichtungszeiten erforderlich, daß immer auch der kontinuierliche Untergrund, worauf die Raman-Linien aufsitzen, berücksichtigt werden muß, weil dessen Intensität meist von gleicher Größenordnung ist wie die der Raman-Strahlung. Die Intensität des Untergrundes I_U muß von der der Linienspitze I_A abgezogen werden, um die Intensität der Raman-Linie zu bekommen:

$$I_R = I_A - I_U.$$

Das Intensitätsverhältnis zweier Linien R_1 und R_2 ist

$$I_{R_1} : I_{R_2} = (I_{A_1} - I_{U_1}) : (I_{A_2} - I_{U_2}).$$

Dieses Verhältnis ist auch dann von der Intensität des Untergrundes abhängig, wenn $I_{U_1} = I_{U_2}$ ist, sobald I_U nicht klein gegen I_A ist. Bei der Emissions-Spektralanalyse ist das häufig der Fall, in der Raman-Spektralanalyse dagegen nur sehr selten, z. B. bei ganz unterbelichteten Aufnahmen. Deshalb wird man hier den Untergrund immer berücksichtigen.

Die Bestimmung der Untergrundsintensität wäre einfach, wenn diese wellenlängenunabhängig wäre. Das ist aber äußerst selten der Fall. Normalerweise steigt die Untergrundsintensität in der Nähe der starken Quecksilberlinien an und hat außerdem ein Maximum zwischen 4400 und 4700 ÅE (Hg-Kontinuum zwischen Hg e und d).

Diesem allgemeinen Verlauf überlagern sich noch geringfügige Schwankungen, die die verschiedensten Ursachen haben und sich nie ganz vermeiden lassen. Am genauesten bestimmt man den Untergrund, indem man alle diese Schwankungen auf Millimeterpapier aufträgt, den mittleren Verlauf auszeichnet und die Werte unter den Linienspitzen bestimmt.
Bei einiger Übung kommt man aber auch zu brauchbaren Werten, wenn man die Untergrundsschwärzungen rechts und links der Linienspitzen ausmißt und ohne Zeichnung mittelt. Es ist jedoch darauf zu achten, daß man wirklich den Untergrund mißt und nicht eine schwache Linie. Ungenau wird die Untergrundsbestimmung für zwei so nahe benachbarte Linien, daß die Spitze der einen in den Fuß der anderen zu liegen kommt. Eine Bestimmung ist nur

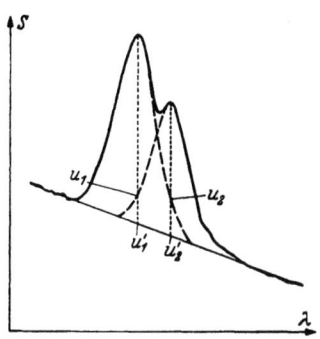

Abb. 25. Verlauf der Linienschwärzungen nahe benachbarter Linien.

zeichnerisch möglich, doch ebenfalls unsicher, da der genaue Verlauf der Linienschwärzung auch nicht bekannt ist (Abb. 25). Reproduzierbarere Werte erhält man, wenn man auch in diesem Fall die Untergrundswerte wie sonst üblich bestimmt: U'_1 und U'_2 statt U_1 und U_2.

Die Belichtungszeiten für die Raman-Aufnahmen wählt man am besten so, daß die Schwärzungswerte in den geradlinigen Teil der Schwärzungskurve fallen, weil dann die genauesten Ergebnisse erzielt werden. Falls Linien sehr verschiedener Intensität miteinander verglichen werden sollen, ist das nicht immer möglich. Man kann dann je eine Aufnahme bei langer und kurzer Belichtungszeit machen und den Vergleich der Linien über eine dritte, in beiden Aufnahmen im normalen Schwärzungsbereich liegende vornehmen.

β) **Intensitätsbestimmungen ohne Photoplatten.** Durch die Benutzung von Photoplatten haften den Intensitätsbestimmungen gewisse Fehler an:

1. mißt man die Intensität nicht direkt, sondern die Plattenschwärzung, deren Zusammenhang mit der Intensität über die Schwärzungskurve gegeben ist. Dieser Zusammenhang ist nicht einfach und muß empirisch bestimmt werden.

2. ist der Verlauf der Schwärzungskurve von den Versuchsbedingungen abhängig, die sehr konstant gehalten werden müssen,

wenn man nicht für jede Platte die Schwärzungskurve extra bestimmen will: Gleiche Zusammensetzung der Plattenemulsionen für Schwärzungskurve und Raman-Aufnahme, gleiche Zusammensetzung und Temperatur des Entwicklers, gleiche Entwicklungsdauer, gleiche Art der Plattentrocknung.

3. zeigen Photoplatten oft Fehler in der Emulsion, immer aber ein mehr oder weniger grobes Plattenkorn, das gerade bei den hochempfindlichen Platten noch nicht sehr fein hergestellt werden kann.

Benutzt man eine so lichtstarke Anordnung, daß sich die Raman-Linien direkt photometrieren lassen, dann kann man alle diese Fehlermöglichkeiten ausschalten. Es ist dann allerdings notwendig, daß die Intensität der Hg-Lampe während der ganzen Meßdauer konstant gehalten wird. Am einfachsten erreicht man das mit Spannungsgleichhaltern. Eine Anordnung, die so arbeitet, wurde von D. H. RANK (35) beschrieben (vgl. § 29 γ und § 30 β sowie Abb. 10, 16 und 17).

γ) **Korrektur der Intensitätsmessungen für verschiedene Apparaturen (72).** Werden Raman-Spektren mit verschiedenen Apparaturen aufgenommen und die Linienintensitäten gemessen, so zeigen sich Abweichungen in den Intensitätsverhältnissen bei den verschiedenen Aufnahmen. Da die Raman-Linien verschieden scharf und breit sind, so wird die Intensität abhängig von der Spaltbreite der benutzten Photometer. Beim Arbeiten mit Photoplatten kann man den Spalt so schmal wählen, daß die Kontur der Linie erfaßt wird und somit die Linienspitze genau zu messen ist. Bei der direkten Photometrierung des Raman-Lichtes ist es wegen der geringen Strahlungsintensität erforderlich, eine größere Spaltbreite zu wählen. Die von D. H. RANK (35) benutzte Spaltbreite erfaßte einen Spektralbereich von 11 cm^{-1}. Da das Spektrum kontinuierlich durchgemessen wird und die photoelektrische Zelle eine bestimmte Einstellzeit braucht, so erscheinen breite Linien relativ stärker als scharfe, wenn man die Ergebnisse mit den auf Photoplatten gemessenen „Spitzenwerten" vergleicht. Dieser Fehler kann bis zu 30% betragen. Da aber breite Linien selten für analytische Zwecke gebraucht werden, so ist dieser Fehler meist unbedeutend. Die Intensitätsangaben für scharfe Linien sind richtig, da diese auf die scharfe Linie CCl$_4$ 459 cm^{-1} bezogen sind.

Von größerem Einfluß auf die Intensität scharfer Linien ist der verschiedene Polarisationszustand der Raman-Linien. Es ist bekannt, daß ein Spektrograph nicht die beiden Arten eben polarisierten Lichtes gleich stark durchläßt. Spektrographen verschiedener Konstruktion, sowohl Gitter- wie Prismenspektrographen, unterscheiden sich erheblich in ihrer Durchlässigkeit für die beiden Arten eben polarisierten Lichtes. Hierin liegt die Hauptursache für die verschiedenen Linienintensitäten, die mit verschiedenen Apparaturen erhalten werden.

Dieser Polarisationseinfluß läßt sich experimentell erfassen und korrigieren: Die Durchlässigkeit T einer Apparatur für natürliches unpolarisiertes Licht sei

$$T = \frac{S_0}{P_0},$$

worin S_0 die Intensität der $\perp$-Komponenten ist (der elektrische Vektor schwingt in der senkrechten Ebene) und P_0 die Intensität der $\parallel$-Komponenten (der elektrische Vektor schwingt in der horizontalen Ebene). Diese Eigenpolarisation des Spektrographen wird mit einer Glühbirne gemessen und ist wellenlängenabhängig.

Der Depolarisationsfaktor ϱ_n für eine polarisierte Linie ist gegeben durch

$$\varrho_n = \frac{\perp}{\parallel} = \frac{S_0}{P_0 T}.$$

Wenn I_t die wahre Intensität einer bestimmten Linie und I_0 ihre im Spektrum beobachtete Intensität ist, dann gilt

$$I_t = P_0 (1 + \varrho_n)$$
$$I_0 = P_0 (1 + \varrho_n \cdot T).$$

Daraus folgt

$$I_t = I_0 \frac{(1 + \varrho_n)}{(1 + \varrho_n \cdot T)}.$$

Bezieht man alle Intensitäten auf $CCl_4 \Delta\nu = 459$ cm^{-1}, deren Intensität $I_{0_s} = 1$ gesetzt wird, dann ist der Streuungskoeffizient K_0 einer Linie definiert als

$$K_0 = \frac{I_0}{I_{0_s}},$$

worin I_0 die beobachtete Linienintensität ist. Der wahre Streuungskoeffizient, den man mit einer Apparatur beobachten würde, die die beiden Arten polarisierten Lichtes nicht verschieden stark durchläßt, sei K_t. K_0 ist mit K_t verbunden durch

$$\frac{K_t}{K_0} = \frac{\left(1 + \varrho_n^l\right)\left(1 + \varrho_n^s \cdot T\right)}{\left(1 + \varrho_n^l \cdot T\right)\left(1 + \varrho_n^s\right)},$$

worin sich die Indizes l und s an ϱ_n auf die betrachtete Linie bzw. auf die Standardlinie beziehen.

Für eine gegebene Apparatur ist der Teil der Gleichung, der nur die Größen ϱ_n^s und T enthält, konstant $= C$.

$$\frac{K_t}{K_0} = C \frac{\left(1 + \varrho_n^l\right)}{\left(1 + \varrho_n^l \cdot T\right)}.$$

Für die Angabe korrekter Linienintensitäten K_t wäre es also notwendig, für die benutzte Apparatur T und C zu bestimmen und unter Berücksichtigung des Depolarisationsfehlers ϱ_n^l aus obiger Gleichung K_t zu berechnen [die Intensitätsangaben für die 172 Kohlenwasserstoffe, deren Spektren M. R. FENSKE, D. H. RANK und Mitarbeiter gemessen haben (6), sind so korrigierte Werte]. Aus solchen K_t-Werten lassen sich dann die K_0-Werte für jede Apparatur entsprechend berechnen, wenn T und C hierfür bestimmt sind.

III. Qualitative Analyse.

§ 41. Allgemeines.

Die Grundlage für die qualitative Analyse bildet die Frequenzhöhe der Raman-Linien. Alle Substanzen, die sich in ihrer Zusammensetzung oder ihrem strukturellen Aufbau unterscheiden, haben verschiedene Raman-Spektren. Es ist daher möglich, alle Arten von Isomeren (Stellungsisomere, cis-trans-Isomere, Tautomere) mit Ausnahme der optisch Isomeren, wohl wiederum Diastereomere raman-analytisch zu unterscheiden.

Da das Spektrum eines Gemisches in erster Näherung eine Superposition der Spektren der Reinsubstanzen ist, lassen sich auch die Bestandteile einer Mischung raman-analytisch bestimmen. Bei der Untersuchung eines Substanzgemisches kommt es darauf an, aus dem bekannten Spektrum die zugrunde liegenden Substanzen zu erkennen. Das ist wegen der sehr vielen Substanzen, des engen Spektralbereichs und der dadurch bedingten vielen Koinzidenzmöglichkeiten viel schwieriger als in der Emissionsspektralanalyse. Dort handelt es sich um etwa 80 Elemente, die bestimmt werden können. Von diesen Elementen sind alle Linien und Koinzidenzmöglichkeiten bekannt und in Tabellen festgelegt. Da sich außerdem noch diese Linien über einen großen Spektralbereich vom UV bis ins Sichtbare verteilen, ist es möglich, jede Kombination von Elementen spektralanalytisch zu erfassen.

Qualitative Analyse.

Bei der Raman-Spektralanalyse dagegen handelt es sich um mehr als 10000 nachweisbare Verbindungen, deren Linien sich alle auf einen engen Spektralbereich von einigen hundert Ångström-Einheiten zusammendrängen. Ein Tabellenwerk mit allen Koinzidenzmöglichkeiten wäre vollkommen sinnlos und unbrauchbar. Man muß daher zunächst versuchen, an Hand von charakteristischen Frequenzen unter Zuhilfenahme anderer physikalischer Daten wie Siedepunkt, Schmelzpunkt, Dichte, Brechungsindex usw. sowie der Vorgeschichte der Substanz die Stoffklassen zu bestimmen. Dann wird man versuchen, aus der genauen Lage von Frequenzen einzelne Substanzen zu erkennen.

In günstigen Fällen lassen sich bis zu 10 Substanzen nebeneinander bestimmen, doch erleichtert man sich die Analyse sehr, wenn man Substanzgemische durch fraktionierte Destillation, Kristallisation usw. möglichst weitgehend aufteilt und die Einzelfraktionen getrennt untersucht. Erstens werden auf diese Weise die Koinzidenzen herabgesetzt, und zweitens treten bei höheren Konzentrationen der Einzelbestandteile auch schwächere Linien des Spektrums auf. Je vollständiger die Spektren erfaßt sind, um so sicherer ist die Identifizierung einzelner Bestandteile.

In der Mehrzahl der Fälle findet in Gemischen praktisch eine reine Überlagerung der Spektren der Einzelsubstanzen statt. Dies gilt streng für Gemische von dipollosen Stoffen. Dagegen ergeben sich Abweichungen bei Mischungen von Dipolsubstanzen mit dipollosen Substanzen und in manchen Fällen auch von Dipolen mit Dipolen. Maßgeblich für die Frequenzänderungen sind die Molekülgestalt und die Größe und Form des Dipols, wie A. SIMON und F. FEHÉR (73) an Frequenzverschiebungen des Dioxans zeigen konnten. R. HEERDT (74) untersuchte die Verhältnisse am Aceton und fand, daß die C=O-Frequenz 1708 cm^{-1} bei Verdünnung mit Oktan, Heptan, Isooktan, Cyclohexan, Tetrachlorkohlenstoff, Chloroform oder Triäthylamin bis zu 30 cm^{-1} ansteigt. Wenn allerdings die Größe der Dipole übereinstimmen, dann sind die zwischenmolekularen Kräfte gleich und kaum Frequenzänderungen zu erwarten, was M. RENARD (75) an Gemischen verschiedener α-Chlorcarbonsäuren nachwies.

Die Ursache für die Frequenzverschiebungen ist eine Störung der Nahordnung durch den Mischungspartner. Assoziationen zwischen gleichartigen Molekülen werden aufgehoben, andere mit Fremdmolekülen können hinzukommen, die zwischenmolekularen Kräfte ändern sich, und die von diesen Kraftkonstanten abhängigen Linien erleiden eine Verschiebung.

Grundsätzlich andere Spektren sind natürlich zu erwarten, wenn durch die Mischung eine Verbindungsbildung eingetreten ist.

Im allgemeinen kann bei einer Frequenzdifferenz von ± 5 cm^{-1} für starke, von ± 10 cm^{-1} für schwache, breite oder verwaschene Linien die Identität der Linien angenommen werden. In Zweifelsfällen hilft auch eine genaue Untersuchung der Linie weiter. Eigenschaften, ob scharf oder verwaschen, Intensitätsvergleich mit anderen Linien, u. U. auch Vergleich des Polarisationsgrades lassen sich für die Zuordnung einer Linie zur einen oder anderen Substanz bzw. beiden Substanzen mit heranziehen.

§ 42.' Prüfung eines Stoffes auf Reinheit.

Die Prüfung eines Stoffes auf Reinheit, z. B. ob in Cycloparaffinen noch Aromaten vorhanden sind, ist wohl das einfachste analytische Problem. Die genaue Kenntnis des Raman-Spektrums mit allen Linien ist dafür normalerweise die Voraussetzung. Man macht von der zu untersuchenden Substanz ein möglichst vollständiges und untergrundfreies Spektrum und vergleicht dessen Frequenzen und Linienintensitäten mit denen des bekannten Spektrums der Reinsubstanz. Bei Übereinstimmung aller Linien innerhalb der zulässigen Fehlergrenze kann auf Reinheit der Substanz geschlossen werden, während zusätzliche Linien oder Verschiebungen in der Intensität auf Verunreinigungen hindeuten.

In diesem Zusammenhang ist es wichtig, die Nachweisgrenze zu kennen. Für die Nachweisbarkeit einer Substanz ist ihre Streufähigkeit, vor allem die Intensität charakteristischer Linien maßgebend.

Es lassen sich nachweisen (76):

Aromaten und Thiophen bis zu 0,1%
Styrol in Äthylbenzol 0,4%
p-Xylol in m- bzw. o-Xylol 0,5%
Naphthalin in Tetralin 0,8%

Die Nachweisgrenze liegt normalerweise bei etwa 1–2%, in ungünstigen Fällen bei 2–5%, manchmal noch höher. H. LUTHER (11) gibt für Pentadecen-1 in einem Öl 5–6% an. Die geschätzte Intensität der Fremdlinie im Vergleich zu den Linien des Hauptbestandteils kann unter Berücksichtigung der Streufähigkeit als ungefähres Maß für die Menge an Verunreinigung gelten.

Da die Herstellung völlig reiner Substanzen wegen der vielen Isomeriemöglichkeiten in der organischen Chemie oft Schwierigkeiten macht, zumal da die chemische Feststellung für die einheitliche Zusammensetzung einer Substanz manchmal kaum möglich ist, so sind auch viele Raman-Spektren in der Literatur noch fehlerhaft, da sie häufig von isomeren Gemischen, manchmal auch von mit Fremdsubstanzen verunreinigten Proben aufgenommen wurden. Einen Hinweis auf diese Fehler bekommt man durch die wechselnde Intensität bestimmter Linien in Proben verschiedener Herkunft. Auf diese Weise konnte K. W. F. KOHLRAUSCH (77) im Tetralin $C_{10}H_{12}$ Naphthalinlinien nachweisen. H. LUTHER (11) reinigte das Tetralin über die β-Tetralinsulfonsäure und erhielt eine Probe, in der die fragliche Linie fast verschwunden war. J. GOUBEAU (8) wies darauf hin, daß in dem Spektrum der Literatur für 3-Methylbuten-1 die starke Linie 1653 cm^{-1} nicht zu 3-Methylbuten-1 gehören kann, daß diese Substanz also im wesentlichen aus 2-Methylbuten-2 und 2-Methylpenten-1 bestanden haben muß mit einer Beimischung von etwa 5% 3-Methylbuten-1, wofür die schwache Linie 1642 cm^{-1} charakteristisch ist.

Diese Verfahren sind also geeignet, „Reinsubstanzen" auf Einheitlichkeit zu prüfen, von denen die Spektren noch nicht genau bekannt sind. Trotzdem ist das Reinspektrum von Stoffen mit steigendem Molekulargewicht wegen der vielen Isomeriemöglichkeiten nur schwierig zu bekommen.

Die Sicherheit des Nachweises hängt davon ab, wie weit die für die Substanz charakteristische Linie durch das übrige Spektrum gestört wird. Bei den Olefinen erkennt man die cis-Konfiguration an der starken Linie 1655 cm^{-1}, die trans-Konfiguration an der starken Linie 1670 cm^{-1}, während die Doppelbindungsfrequenz bei den α-Olefinen bei 1642 cm^{-1} liegt. An diesen Linien kann man Verunreinigungen von α-Olefinen in solchen mit mittelständiger Doppelbindung und umgekehrt leicht nachweisen. Ebenso kann man cis-Verunreinigungen in trans-Verbindungen und trans-Verunreinigungen in cis-Verbindungen leicht erkennen. Darüber hinaus sind bei Pentenen und Hexenen auch die anderen Isomeren gut nachweisbar. Bei Olefinen mit mittelständiger Doppelbindung ist der Nachweis von isomeren Olefinen mit gleichfalls mittelständiger Doppelbindung nur möglich, wenn die einzelnen Spektren genau bekannt sind.

Eine Kettenverzweigung am C-Atom unmittelbar neben der Doppelbindung erkennt man an den mittleren Frequenzen bei 1378 und 1149, während die entsprechenden Frequenzen bei Verzweigung an einem anderen C-Atom bei 1336 und 1171 liegen. Auch diese Frequenzen lassen sich in gewissen Fällen zum Nachweis von Verunreinigungen benutzen.

§ 43. Nachweis für die Gegenwart einer bestimmten Substanz.

Im Spektrum von Mischungen werden von einem Nebenbestandteil zunächst die stärksten Linien sichtbar. Mit zunehmender Konzentration erscheinen auch die schwächeren Linien. Um eine bestimmte Substanz nachzuweisen, sucht man im Spektrum zunächst nach den stärksten Linien. Bei einiger Übung kann man aus der Zahl der gefundenen Linien Rückschlüsse ziehen auf die Konzentration.

Gewisse Schwierigkeiten entstehen durch Koinzidenzmöglichkeiten mit Linien einer anderen Substanz. Vor allem koinzidieren die höheren Frequenzen von Kohlenwasserstoffen zwischen 2800 und 3400 cm^{-1} (C-H-Frequenzen) fast immer mit entsprechenden Linien von anderen Kohlenwasserstoffen und sind daher nur in Ausnahmefällen zum Nachweis einer bestimmten Substanz geeignet (z. B. Nachweis von Aromaten in Paraffinen). Bei größeren Konzentrationen (über 20%) sind mehrere Linien zu erwarten. Es ist dann unwahrscheinlich, daß alle Linien mit solchen der Gemischpartner koinzidieren. Bei geringen Konzentrationen ist oft die Aufklärung des gesamten Spektrums notwendig, um festzustellen, ob die fragliche schwache Linie nicht einer anderen Substanz angehören kann. Es sind dann auch andere Linieneigenschaften, ob scharf oder breit oder verwaschen, unter Umständen auch der Polarisationsgrad mit heranzuziehen, um eine Linie einer bestimmten Substanz zuzuordnen.

§ 44. Analyse eines Substanzgemisches.

Für die Analyse von Substanzgemischen ist es im allgemeinen notwendig, daß die Spektren der Reinsubstanzen bekannt sind. Sammlungen von Raman-Spektren findet man im LANDOLT-BÖRNSTEIN Eg. IIIb 925–1204, in der 6. Auflage des LANDOLT-BÖRNSTEIN im Band I, 2. Teil, S. 479–551, in den „Catalogs of Infrared, Ultraviolet, Raman and Mass Spectral Data" des American Petroleum Institute, Research Project 44, National Bureau of Standards, sowie in den Büchern von K. W. F. KOHLRAUSCH (2), J. H. HIBBEN (78) und G. HERZBERG (79). M. R. FENSKE, W. G. BRAUN und Mitarbeiter (6 und 80) geben die Frequenzen von 246 Kohlenwasserstoffen und 45 anderen Verbindungen an mit der auf CCl$_4$ 459 cm^{-1} bezogenen Intensität. Diese Spektren umfassen nur den Frequenzbereich von 150–1700 cm^{-1}, die hohen CH-Frequenzen oberhalb 2800 cm^{-1} fehlen. Außerdem sind einige Zahlenangaben falsch, da alle von Hg f und g angeregten Linien Hg e zugeordnet wurden. Da aber von allen Spektren Photometerkurven abgebildet sind, sind diese Arbeiten für analytische Zwecke gut geeignet, vor allem, wenn im e-Bereich gearbeitet wird.

Hat man ein unbekanntes Substanzgemisch zu analysieren, dann wird man zunächst aus der Frequenzverteilung des Analysenspektrums an Hand der charakteristischen und konstanten Linien (Tabelle 1 und 15) Hinweise finden, um welche Art von Bestandteilen es sich handeln kann. Mit Hilfe anderer physikalischer Daten, wie Siedepunkt, spezifisches Gewicht, Bromzahl, Anilinpunkt, Brechungsindex usw., läßt sich die Zahl der in Frage kommenden Substanzen weiter einschränken. Durch Vergleich der Spektren dieser in Frage kommenden Stoffe mit dem der analysierten Probe versucht man nun, einzelne Bestandteile zu identifizieren. Hat man sämtliche Linien des Spektrums unter Berücksichtigung der Intensität bestimmten Verbindungen zuordnen können, dann ist die qualitative Analyse durchgeführt.

Bei der Analyse verfährt man am besten folgendermaßen: Entweder trägt man das Analysenspektrum auf eine Wellenlängenskala ein — hierfür ist ein Spektrenprojektor sehr geeignet, der die Spektren stark vergrößert auf einen Bogen Papier projiziert, so daß man die Linien ihrer Intensität entsprechend direkt abzeichnen kann — oder man schreibt sie in den Frequenzabständen auf Papierstreifen. Die Spektren der in Frage kommenden Substanzen trägt man in gleicher Weise ein. Sehr angebracht ist die Benutzung eines Registrierphotometers, das entweder die Kurve des Schwärzungsverlaufes der Photoplatte oder die des direkt photometrierten Raman-Lichtes (vgl. Abb. 17) maßstabgerecht aufzeichnet.

Bei der Auswertung fängt man mit den stärksten Linien an. Diese gehören zu Hauptbestandteilen in der Mischung. Meist wird man mehrere Substanzen finden, denen die fraglichen Linien zugeordnet werden könnten. Man versucht nun, andere starke Linien dieser Substanzen im Analysenspektrum wiederzufinden. Auf diese Weise lassen sich bei richtiger Zuordnung weitere, auch schwächere Linien des Spektrums deuten. In gleicher Weise verfährt man auch mit den restlichen schwächeren Linien. Diese gehören entweder zu schlechter streuenden Substanzen oder zu solchen, die in geringerer Konzentration vorliegen. In diesen Fällen wird man meist weniger Linien zur Identifizierung bestimmter Bestandteile zur Verfügung haben, so daß die richtige Zuordnung schwieriger wird. Jetzt sind im stärkeren Maße auch Linieneigenschaften, wie Schärfe, relative Intensität und gegebenenfalls auch Polarisationsmessungen, mit heranzuziehen. Auch auf Koinzidenzmöglichkeiten ist zu achten, weil dadurch die Ergebnisse verfälscht werden können. So sind die starken C–H-Frequenzen um 1450 und 3000 nur sehr selten geeignet, eine bestimmte Substanz nachzuweisen, weil diese Linien bei sehr vielen Stoffen auftreten.

Lassen sich nicht alle Linien des Spektrums zuordnen, dann muß untersucht werden, ob diese Frequenzen richtig berechnet wurden, ob vielleicht eine Zuordnung zu einer falschen Quecksilberlinie vorliegt. Auch Reflexe im Spektrographen können Anlaß zu ,,Geistern" gegeben haben. Beginnt man bei Brennern mit Zündgas vor dem Einbrennen mit der Belichtung, dann werden die Linien des Zündgases mit aufgenommen. Dasselbe kann eingetreten sein, wenn während der Aufnahme der Brenner bei Spannungsschwankungen im Lichtnetz verlosch und dann wieder selbsttätig zündete. Linien, die auf diese Weise entstehen können, werden am besten einmal ausgemessen und dann verglichen. Es ist aber auch möglich, daß die Spektren der Reinsubstanzen nicht ganz stimmen, weil sie entweder unvollständig waren oder von verunreinigten Proben aufgenommen wurden.

Hat man durch Zuordnung sämtlicher Linien zu bestimmten Stoffen die qualitative Analyse durchgeführt, dann kann man durch Vergleich der Linienintensitäten schon einen gewissen Hinweis für die quantitative Zusammensetzung bekommen, welche Substanz Hauptbestandteil, welche Nebenbestandteil, welche nur in Spuren vorliegt. Dabei müssen allerdings die verschiedenen Streufähigkeiten berücksichtigt werden. So streuen z. B. langkettige und unverzweigte Paraffine sehr schlecht, verzweigte Paraffine und Olefine besser, Aromaten streuen gut.

Mit Hilfe der qualitativen Raman-Spektralanalyse lassen sich in günstigen Fällen erfahrungsgemäß bis zu 10 Bestandteile nebeneinander nachweisen. Da eine Analyse mit weniger Bestandteilen leichter und genauer durchzuführen ist, wird man im allgemeinen versuchen, das Substanzgemisch durch fraktionierte Destillation oder Kristallisation aufzuteilen. Auch andere Trennmethoden, wie Ausschütteln mit Lösungsmitteln oder Adsorption an Adsorptionssäulen nach den Methoden der Chromatographie, sind möglich. Von den meisten niedrigsiedenden Flüssigkeiten sind die Raman-Spektren bekannt. Mit steigendem Siedepunkt nimmt jedoch die Mannigfaltigkeit wegen der vielen Isomeriemöglichkeiten zu, die der bekannten Raman-Spektren ab. Dadurch gestaltet sich die Analyse höher siedender komplexer Gemische schwierig, da auch bei fraktionierter Destillation die Siedepunkte der einzelnen Bestandteile sich nicht genau bestimmen lassen. Hier hilft das Verfahren der ,,Verteilungsglockenkurven" weiter: Das Substanzgemisch wird durch Destillation aufgeteilt, von den einzelnen Frak-

Qualitative Analyse. 123

tionen werden Aufnahmen gemacht und aus den Linienintensitäten die Konzentrationen der zugehörigen Substanzen bestimmt. Trägt man die Konzentrationen in Abhängigkeit von den Siedepunkten auf, so erhält man Verteilungsglockenkurven, wie sie Abb. 26 an einem Beispiel von FROMHERZ (81) zeigt. Die Siedepunkte der Sub-

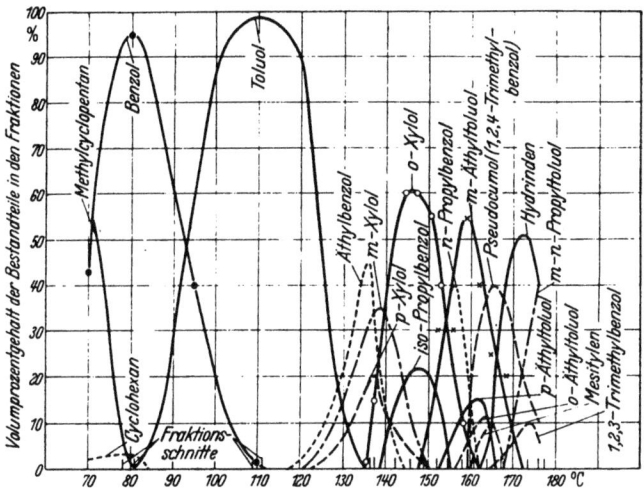

Abb. 26. Verteilungsglockenkurven nach FROMHERZ.

stanzen fallen nahe zusammen mit dem Maximum der Verteilungsglockenkurve, können auf diese Weise also auf wenige Grade genau bestimmt werden. Damit ist die Zahl der in Frage kommenden Stoffe wesentlich eingeschränkt. Aus dem Vergleich mit den zugehörigen Spektren, die entweder aus der Literatur oder aus Vergleichsaufnahmen mit Reinsubstanzen oder aus theoretischen Überlegungen gewonnen werden, lassen sich die fraglichen Linien zuordnen und die Substanzen so analysieren.

§ 45. Benzinanalyse.

Bei den Benzinen, wie sie aus dem Erdöl, nach dem Fischer-Tropsch-Verfahren oder nach dem Verfahren von BERGIUS entstehen, handelt es sich um Gemische von sehr komplexer Zusammensetzung. Eine chemische Analyse ist bei der großen Zahl von Isomeren mit fast gleichen Eigenschaften kaum möglich. Man hat sich daher meist mit summarischen Analysen, die nur den %-Gehalt an Aromaten, Olefinen und Paraffinen angeben konnten, begnügt. Hier ist die Raman-Spektralanalyse recht leistungsfähig. Es ist selbstverständlich, daß technische Produkte vor der Aufnahme erst durch sorgfältige Reinigung „optisch leer" gemacht werden müssen (vgl. Kapitel II, C). Speziell in der Benzinanalyse hat sich Destillation über metallischem Natrium gut bewährt. Gefärbte Bestandteile lassen sich auf diese Weise, oft aber auch schon durch gewöhnliche Destillation, leicht entfernen.

Die erste raman-spektroskopische Gesamtanalyse eines Benzins wurde von J. GOUBEAU und E. LELL (82) durchgeführt. Jetzt werden Benzine in steigendem Maße im In- und Ausland ramanspektroskopisch analysiert. Eine Gruppenuntersuchung auf das Vorhandensein von Aromaten, Olefinen, Paraffinen und Cycloparaffinen ist an Hand von charakteristischen Frequenzen schnell und sicher durchzuführen. Daneben ist aber auch eine Feinanalyse möglich, da heute die Spektren aller Paraffine und Olefine bis zu C_8 bzw. C_6 gut bekannt sind. Ebenso kennt man sämtliche Spektren von Cycloparaffinen bis zum Siedepunkt 120° und die von Aromaten bis zum Siedepunkt von 200° genau. Die höheren Kohlenwasserstoffe lassen sich mehr oder weniger genau aus Analogieschlüssen herleiten.

Da man bei einem Benzin mit 20—50 Bestandteilen rechnen kann, ist es ausgeschlossen, diese alle durch eine einzige Aufnahme zu erfassen. Es ist daher notwendig, das Benzin in Einzelfraktionen aufzuspalten, wozu sich die fraktionierte Destillation am besten eignet. Gröbere Unterteilungen kann man auf chemischem Wege erreichen, z. B. durch Ausschütteln mit flüssigem SO_2, worin sich Aromaten und ungesättigte Verbindungen lösen, während Paraffine und Naphthene ungelöst zurückbleiben.

Da sich in einem Spektrum 5 Bestandteile nebeneinander mit Sicherheit nachweisen lassen (die obere Grenze der Nachweisbarkeit liegt etwa bei 10 Bestandteilen in einer Mischung), so unterteilt man ein Benzin in etwa 10 Fraktionen, wenn man eine gut trennende Kolonne zur Verfügung hat. Man kann die Fraktionierung nach ccm vornehmen, also etwa 10 Fraktionen von je 10 Vol.-%, oder eine Fraktionierung nach dem Siedepunkt, z. B. mit 5 oder 10° Siededifferenz. Dieser zweite Weg ist mehr zu empfehlen, da er sauberer nach den Komponenten trennt. Durch geschickte Kombination von Destillation und Raman-Aufnahme lassen sich von gut streuenden Substanzen Gehalte bis zu 0,01% feststellen. Im allgemeinen werden alle Bestandteile eines Benzins bis zu 0,5% Gehalt durch die Raman-Spektralanalyse erfaßt.

Die Auswertung der Aufnahmen geschieht in der in § 44 erläuterten Weise. Dabei sind nicht nur die Stoffe zu berücksichtigen, die in dem fraglichen Siedebereich liegen, sondern auch die um 10—20° höher und tiefer siedenden Substanzen, da selbst bei leistungsfähigen Kolonnen vor allem Aromaten und Cycloparaffine innerhalb dieser Grenzen nicht sauber abgetrennt werden. Nach niederen Siedepunkten hin brauchen nur die bereits nachgewiesenen Stoffe berücksichtigt zu werden, wenn man die niedrigsiedenden Fraktionen zuerst analysiert hat.

§ 46. Ölanalyse.

Die raman-spektroskopische Untersuchung von Ölen macht mehr Schwierigkeiten als die von Benzinen, weil Öle fast immer gefärbt sind und fluoreszierende Bestandteile enthalten. Die Vorbereitung der Substanz zur Aufnahme ist bei den Ölen daher von entscheidender Bedeutung.

Wegen der hohen Siedepunkte destilliert man die Öle im Vakuum oder Hochvakuum, um eine Zerstörung durch Krackprozesse zu vermeiden. Die gefärbten Bestandteile müssen vor der Aufnahme weitgehend abgetrennt werden, was man am besten durch Adsorptionsmittel erreicht. Bei der hohen Viskosität der Öle sind sehr feinpulverige Adsorptionsmittel nicht geeignet, weil sie sich schlecht wieder vom Öl trennen lassen. Auch sehr grobkörnige Mittel haben sich bei Ölen nicht bewährt. Am besten saugt man das Öl durch eine mit dem Adsorptionsmittel gefüllte Säule, die man gegebenenfalls noch von außen aufheizt. Durch Adsorption lassen sich viele Öle in eine Hellölfraktion und eine die gefärbten Asphaltharzteile enthaltende Dunkelölfraktion trennen. Die Hellölfraktion ist für Raman-Aufnahmen oft geeignet. Sie kann durch fraktionierte Destillation, Adsorption und Elution weiter unterteilt werden.

Für eine vollständige Ölanalyse sind sehr viele detaillierte Kenntnisse notwendig, z. B. Siedepunkt, Anilinpunkt, Dichte, Molekulargewicht, Viskosität, Refraktion, Dispersion, Oberflächenspannung, Parachor, Wärmeleitfähigkeit, Jodzahlen, Hydrierwerte, Absorptionsspektren, Raman-Spektren usw. Mit Hilfe der Raman-Spektren lassen sich an Hand charakteristischer Linien und Intensitätsbeobachtungen unter Berücksichtigung der Vorgeschichte der Substanz und anderer physikalischer Daten Substanzklassen, u. U. auch einzelne Individuen feststellen. Zur Erläuterung des Verfahrens sei als Beispiel ein synthetisches Schmieröl angeführt, das von H. LUTHER (11, 12) analysiert wurde. H. LUTHER wählt folgenden Weg für die Gesamtanalyse von Mineralölen:

1. Vortrennung der Ausgangssubstanz durch Destillation im Hochvakuum oder durch Molekulardestillation.

2. Unterteilung der anfallenden Fraktionen durch Extraktion mit selektiven Lösungsmitteln, z. B. Dichloräthylen-Methanol-Mischung im Verhältnis 1:4 für die Entparaffinierung.

3. Adsorptive Trennung der nach Punkt 2 anfallenden Fraktionen in gefärbte Asphaltharzteile und entfärbte Hellöle. Als Adsorptionsmittel bewährte sich vor allem das Aluminiumoxyd nach BROCKMANN.

4. Selektive Elution der Asphaltharzteile und Ringanalyse ihrer Einzelfraktionen.

5. Weitgehende Trennung der Hellöle durch erneute Adsorption nach Konstitutionsunterschieden, Zahl der vorhandenen Doppelbindungen u. a.

6. Gruppenanalyse der Hellölfraktion mit Hilfe optischer Methoden (Raman-Effekt, Ultrarot-, UV-Absorption).

Bei der Untersuchung der einzelnen Hellölfraktionen wird man sich zunächst mit der Bestimmung von Substanzgruppen begnügen. Eine mit ,,Alkin 1" bezeichnete Hellölfraktion ergab das Raman-Spektrum:

180 (3), 254 (3), 291 (3), 362 (1), 406 (1), 468 (3), 491 (3), 525 (6), 609 (4), 697 (6), 779 (12), 849 (1), 885 (3), 1020 (6), 1083 (3), 1115 (3), 1171 (3), 1226 (1)?, 1296 (3), 1382 (18), 1440 (6), 1472 (6), 1522 (1), 1573 (6), 1641 (3) cm^{-1}.

Charakteristisch für n-Paraffine sind anscheinend die Frequenzen 406 (1), 849 (1), 885 (3), 1296 (3) cm^{-1}. Die Linie 254 cm^{-1} gestattet Rückschlüsse auf die Länge der Seitenkette, die etwa bei C_{10} liegen wird. Auf Grund der sehr hohen Intensität von 1382 (18) kann auf Naphthalinprodukte geschlossen werden, denen auch folgende Frequenzen zuzuordnen sind: 468 (3), 491 (3), 525 (6), 697 (6), 779 (12), 1171 (3), 1226 (1), 1382 (18), 1573 (6), 1641 (3) cm^{-1}. Beiden Klassen entsprechen die Linien 1020 (6), 1083 (3), 1115 (3) cm^{-1}.

Die Linie 609 (4) cm^{-1} erscheint ihrer Intensität nach etwas hoch. Es könnten daher neben Paraffin und Naphthalin auch Benzolderivate angenommen werden. Von den Naphthalin-Frequenzen gehören 468 (3), 779 (12), 1115 (3), 1171 (3), 1226 (1)? zu β-Homologen und die Frequenzen 491 (3), 697 (6) zu α-Homologen des Naphthalins, während der Rest wieder beiden gemeinsam ist. Isoparaffine, Naphthene und Olefine sind infolge des Fehlens von Linien im Frequenzbereich 900–1000 cm^{-1} nicht anzunehmen. Für α-Olefine könnte zwar 1641 (3) sprechen, doch fehlt die für α-Olefine charakteristische Linie bei etwa 1415 cm^{-1}. β- und verzweigte Ole-

Qualitative Analyse. 127

fine müßten Frequenzen über 1650 cm^{-1} aufweisen. Demnach dürfte 1641 (3) wohl zum Spektrum des β-substituierten Naphthalins gehören. Nachgewiesen sind also Paraffine, α- und β-Naphthalin-Derivate und evtl. Alkylbenzole.

Die quantitative Zusammensetzung läßt sich näherungsweise abschätzen. Als Vergleichslinien werden die Linien 697 (6) für α-Alkylnaphthalin, 779 (12) für β-Alkylnaphthalin, 1296 (3) für Paraffin und 1382 (18) für Gesamtnaphthalin herangezogen. Die Intensitätsverhältnisse der charakteristischen Frequenzen sind α- zu β-Substitutionsprodukt gleich 1:2, d. h. etwa ein Drittel ist α-substituiert, zwei Drittel ist β-substituiert. Nach den physikalischen Kennwerten liegt gemäß Siedepunkt, Molekulargewicht und Verbrennungswerten ein Decyl-Naphthalin als mittleres Molekül vor. Dichte, Brechung und Viskosität weisen aber darauf hin, daß der aromatische Anteil etwas höher sein muß, als dem reinen Decyl-Naphthalin entsprechen würde. Auch das Intensitätsverhältnis 779 (12) : 1296 (3) = 4 : 1 liegt höher als beim reinen Decyl-Naphthalin (3:2), das Verhältnis 1296 (3) : 1382 (18) = 1 : 6 dagegen liegt tiefer als beim reinen Produkt (1:2). Daraus kann man schließen, daß nicht der gesamte aromatische Anteil dem Decyl-Naphthalin entsprechend stöchiometrisch alkylsubstituiert, sondern teilweise stärker kondensiert ist. Auch die gegenüber dem Decyl-Naphthalin erheblich höhere Viskosität läßt sich durch einen aromatischen „Harzanteil" erklären.

Das Analysenergebnis lautet: Das untersuchte „Alkin 1" besteht vorwiegend aus einem Gemisch von einem Teil α-n-Decyl-Naphthalin und zwei Teilen β-n-Decyl-Naphthalin, denen anscheinend partiell gekrackte und kondensierte höhermolekulare Aromaten unter 5 Vol.-% zugemischt sind [Linie 1522 (1)]. Freies Paraffin, Isoparaffine, Naphthene und Olefine sind nicht oder nur in sehr geringem Umfange vorhanden.

§ 47. Eiweißanalyse.

Eiweißstoffe sind hochmolekulare Verbindungen, die aus α-Aminosäuren aufgebaut sind, die bei der Hydrolyse aus den Eiweißstoffen entstehen. Der Nachweis und die Bestimmung von Aminosäuren aus ihren Gemischen ist eine umständliche und zeitraubende Arbeit. Da es sich hier um kristalline Stoffe handelt, so können sie nur in Lösung raman-spektroskopisch untersucht werden. Damit ergeben sich wieder besondere Schwierigkeiten, weil in Lösungen, besonders in wäßrigen Lösungen, der Tyndall-Effekt und die Fluoreszenz meist verstärkt auftreten und außerdem die Linien häufig verwaschen und unscharf sind. Im speziellen Fall der Aminosäuren zeigte sich nach Untersuchungen von J. GOUBEAU und A. LÜNING (61) noch eine Abhängigkeit der Spektren vom p_H, weil die Moleküle je nach dem p_H-Wert in verschiedene Ionen dissoziiert sind. Aufnahmen im sauren p_H-Bereich waren günstiger als solche im alkalischen. Es gelang so der Nachweis von Glykokoll in Gelatine und einem Pepton.

Wandelt man nach der Hydrolyse eines Eiweißstoffes die entstandenen α-Aminosäuren in die entsprechenden α-Chlorcarbonsäuren um, dann erhält man Stoffe, die sich im Vakuum unzersetzt destillieren und fraktionieren lassen. Die so gereinigten Substanzen lassen sich als solche raman-spektroskopisch untersuchen und brauchen nicht vorher gelöst zu werden. M. RENARD (83) hat solche Untersuchungen durchgeführt und konnte auf diese Weise neben den bisher bekannten Aminosäuren auch Glykokoll im Ovalbumin und Isoleucin im Zein nachweisen.

§ 48. Analyse von Substanzen, deren Raman-Spektren noch unbekannt sind.

Bei der großen Zahl organischer Verbindungen mit ihren zahlreichen Isomeren taucht oft das Problem auf, Substanzen ramananalytisch zu untersuchen, von denen die Spektren der verschiedenen möglichen Bestandteile noch nicht bekannt sind und auch nur schwierig ermittelt werden können. Eine solche Aufgabe kann gelöst werden, wenn die Spektren von der Theorie her vorauszusagen sind. Die Vorausberechnung aus den Massen und Kraftkonstanten ist vor allem bei den niedermolekularen Verbindungen und solchen mit hoher Symmetrie möglich. Bei den höhermolekularen Stoffen ist diese Rechnung zu kompliziert und ungenau.

Nun lassen sich die Spektren vieler Moleküle aus denen der Ketten und Gruppen, woraus das Molekül aufgebaut ist, zusammenstellen. Dieses „Baukastenprinzip" gilt vor allem dort, wo die Kopplung zwischen den Frequenzen der einzelnen Molekülteile gering ist, z. B. C=C, —CN, —COOH, Ringe mit langen Ketten usw. Ferner lassen sich aus „spektralen Übergängen" Spektren voraussagen. Ändert man in Verbindungen RX den Substituenten X ab durch H, D, OH, F, NH_2, CH_3, SH, Cl, Br, J, so zeigen einige Frequenzen in den Spektren dieser Substanzen einen charakteristischen Gang. Solche Übergänge wurden vor allem von K. W. F. KOHLRAUSCH (2) untersucht (vgl. auch Abb. 5). Bisher sind die Spektren der Monohalogenide mit Ausnahme der Fluoride, der einfachen Alkohole, der Olefine und Aromaten schon so genau erforscht, daß aus den aufgefundenen Gesetzmäßigkeiten die Spektren von noch unbekannten Verbindungen dieser Substanzklassen mit einer Genauigkeit von 80—90% vorausgesagt werden können. Die Voraussage eines Olefinspektrums wurde bereits in § 12 ϑ an einem Beispiel erläutert. Hier soll als Beispiel für die Analyse eines Aromatengemisches, von dem die Reinspektren noch nicht aufgenommen wurden, die Untersuchung eines Isobutylphenols folgen, die von J. Goubeau und E. Köhler (84) durchgeführt wurde.

Folgendes Spektrum lag vor:

140 (1), 252 (2), 313 (2), 437 (2), 513 (2), 540 (1), 648 (4), 664 (4), 729 (1), 820 (10), 851 (5), 927 (3), 965 (3), 1026 (4), 1117 (8), 1177 (4), 1202 (4), 1264 (4), 1300 (1), 1413 (1), 1462 (6), 1501 (3), 1615 (6), 2824 (4), 2903 (8), 2955 (10), 3060 (9).

Es sollte entschieden werden, welche Stellung die beiden Substituenten am Benzolring zueinander einnehmen. Da die Spektren der drei Strukturisomeren nicht bekannt sind, muß versucht werden, aus den Gesetzmäßigkeiten der Spektren von Aromaten zu entscheiden, welche Isomeren vorliegen. Für alle o-Derivate ist eine starke Linie bei 1030 cm^{-1} charakteristisch, für m-Derivate eine zwischen 990 und 1000 cm^{-1}. Die Linie 1026 (4) deutet auf das Vorhandensein der o-Verbindung hin, während die m-Verbindung fehlt. p-Verbindungen mit OH- und Alkylgruppen besitzen neben den lagekonstanten p-Linien 640 und 1170 cm^{-1} zwei sehr starke Linien zwischen 800 und 850. Alle diese Frequenzen treten als zum Teil sehr starke Linien im Spektrum auf. Als erstes Ergebnis kann also auf die sichere Abwesenheit des m-Derivates, die ziemlich sichere Anwesenheit des p- und die wahrscheinliche des o-Isomeren geschlossen werden.

Es muß nun versucht werden, die Spektren von p- und o-Isobutylphenol aus den Spektren anderer Substanzen mit Hilfe bestehender Gesetzmäßigkeiten vorauszusagen. Man denkt sich die Moleküle zusammengesetzt aus den beiden Teilen —C_6H_4OH und —$CH_2CH(CH_3)_2$. Die Schwingungen der Isobutyl-Gruppe können der Tabelle 11 entnommen werden, die Spektren des aromatischen Systems wurden aus den bekannten Spektren von p- bzw. o-Kresol, -Xylol, -Äthyltoluol, -n-Propyltoluol und -Isopropyltoluol hergeleitet.

Da von den Alkylphenolen nur das Spektrum des Kresols bekannt war, wurden die Frequenzänderungen des aromatischen Systems aus der nahezu analogen Reihe der Alkyltoluole herangezogen und auf das System der Kresole übertragen, wobei der Übergang vom Kresol zum Xylol die Änderung beim Ersatz einer OH-

durch eine CH_3-Gruppe angibt, die übrigen Spektren die Änderung beim Übergang zu höheren Alkylgruppen. Auf diese Weise erhält man als Erwartungsspektren für p-Isobutylphenol

173 (3), 212 (2), 323 (5), 400 (3), 422 (4), 460 (2), 523 (1), 645 (6), 810 (11), 850 (8), 925 (1), 956 (3)d, 1067 (1), 1116 (3), 1172 (8), 1204 (8), 1225 (3), 1253 (3), 1299 (8), 1332 (4), 1453 (8), 1608 (8).

und für o-Isobutylphenol

173 (3), 206 (5), 270 (1), 331 (5), 400 (3), 422 (4), 530 (4), 585 (5), 729 (9), 805 (5), 925 (1), 956 (3)d, 1029 (9), 1067 (1), 1116 (3), 1165 (7), 1225 (3), 1256 (4), 1298 (8), 1332 (4), 1453 (8), 1584 (2), 1620 (6).

Durch Vergleich dieser Spektren mit dem der analysierten Substanz ersieht man, daß zwei Drittel aller erwarteten Linien, und zwar die stärksten, innerhalb einer Fehlergrenze von 15 cm^{-1} bei einem mittleren Fehler von $\pm$ 6 cm^{-1} mit den beobachteten Linien übereinstimmen. Damit ist erwiesen, daß p- und o-Isobutylphenol in der untersuchten Probe vorhanden sind. Nur wenige Linien des Analysenspektrums bleiben ungeklärt. Es muß aber betont werden, daß eine 100%ige Voraussage der Spektren auf Grund des angewandten Prinzips nicht möglich ist, was vor allem für Frequenzen unter 200 cm^{-1} gilt, da in diesem Frequenzbereich die meisten Spektren unsicher sind. Auch Kombinations- und Oberschwingungen lassen sich nicht vorhersagen.

Da sich die Spektrenvoraussage auf ein ausgedehntes und gesichertes Versuchsmaterial stützt, so darf der daraus gezogene Schluß, daß ein Gemisch von p-Isobutylphenol ($\sim$ 80—90%) und o-Isobutylphenol ($\sim$ 10—20%) analysiert wurde, als völlig gesichert angesehen werden. Sicher ist die Abwesenheit des m-Derivates.

IV. Quantitative Analyse.

§ 49. Allgemeines.

Die unbedingte Voraussetzung für eine quantitative Analyse ist die qualitative Analyse, d. h. die Feststellung der Zugehörigkeit der Linien zu bestimmten Substanzen. Für die qualitative Analyse ist die Lage der Linie, also die Frequenz, bestimmend, für die quantitative Analyse ihre Intensität. Als Maß für die Intensität können dienen 1. die Schwärzung, 2. die Breite, 3. die Umrechnung der Schwärzung auf die ursprünglichere Intensität über die Schwärzungskurve, falls mit photographischen Platten gearbeitet wird, und 4. der Photostrom einer lichtelektrischen Zelle, der durch das Licht einer Raman-Linie erzeugt wird. Alle vier Größen sind für die quantitative Raman-Spektralanalyse herangezogen worden.

Eine grundsätzliche Schwierigkeit liegt darin, daß neben der Raman-Stahlung immer auch Rayleigh-Strahlung, u. U. auch Tyndall-Effekt und Fluoreszenz auftreten, die Anlaß zu einem mehr oder weniger starken Untergrund geben, der sich zur Raman-Strahlung addiert. Dieser Untergrund muß bei genauen Analysen unbedingt berücksichtigt werden. Man sucht ihn nach Möglichkeit zu vermindern. Die zur Aufnahme gelangende Substanz soll optisch leer sein. Bei der quantitativen Analyse sind die Anforderungen an geringer Untergrundsintensität der Spektren noch höher als bei der qualitativen Analyse. Doch ist gerade bei technischen Produkten ein untergrundfreies Spektrum kaum zu erhalten. Nähere Einzelheiten sind in Abschnitt II, C besprochen.

Die Intensität der gemessenen Raman-Strahlung ist abhängig von 1. der Konzentration der streuenden Moleküle, 2. der Intensität der Erregerfrequenz, 3. der Wellenlänge der erregenden Strahlung, 4. einer Apparatekonstanten, 5. gegebenenfalls einer selektiven Absorption schwach gefärbter Substanzen und 6. der Empfindlichkeit der Photoplatte bzw. der photoelektrischen Zelle für die Wellenlänge der Raman-Strahlung (vgl. § 7, β). Wegen der Abhängigkeit der Strahlung von der Wellenlänge ist es günstig für die quantitative Analyse, möglichst nahe benachbarte Linien zu vergleichen.

Wichtig für die quantitative Analyse ist das Verhältnis der Konzentrationen. Für die Lichtintensität nimmt man meistens an, daß diese den Konzentrationen proportional ist. Hinreichende Proportionalität ist im allgemeinen bei Substanzmischungen gegeben, bei denen die zwischenmolekularen Kräfte zwischen den Mischungspartnern relativ gering oder ähnlich sind. Das ist z. B. in den Mischungen von Paraffinen der Fall, wie sie in Benzinen vorliegen. Strenge Proportionalität gibt es allerdings auch hier nicht. Größere Abweichungen werden im allgemeinen in Mischungen von Aromaten mit Paraffinen beobachtet. Manchmal genügen schon geringe Konzentrationen eines Mischungspartners, um die Streufähigkeit des anderen erheblich zu verändern. So stellte H. WICKERT (85) eine sprunghaft einsetzende Änderung der Streufähigkeit von Benzol fest, wenn man 2—3% Cyclohexan oder Methylcyclohexan zumischt. Offensichtlich werden durch andere zwischenmolekulare Kräfte die Assoziationsverhältnisse geändert, wodurch wieder eine Änderung der Polarisierbarkeit der Moleküle eintritt. Völlig abweichende Verhältnisse liegen natürlich vor, wenn bei Konzentrationsänderungen sich eine Molekülform in eine andere umwandelt bzw. das Gleichgewicht zwischen zwei Formen sich verschiebt, wie es z. B. bei der Verdünnung von Salpetersäure und Schwefelsäure mit Wasser der Fall ist, wobei sich die Pseudoform in die Ionenform umlagert, oder bei Keto-Enol-Gleichgewichten. Hier ist eine quantitative Analyse nur unter Benutzung von Eichaufnahmen möglich.

Normalerweise macht man keine Absolutmessungen von Intensitäten oder Schwärzungen der Photoplatte, sondern man arbeitet mit Intensitätsverhältnissen, Schwärzungsverhältnissen oder Schwärzungsdifferenzen zweier oder mehrerer Linien der verschiedenen Substanzen innerhalb der gleichen oder auch verschiedener Spektren, weil dadurch Ungleichheiten in der Belichtung und Entwicklung der Photoplatte sich weitgehend beheben lassen. Bei Benutzung lichtstarker Anordnungen kann man die Photoplatte mit ihren vielen Fehlermöglichkeiten umgehen und das Raman-Licht direkt photometrieren. Die Ablesung der Photometerausschläge kann entweder visuell erfolgen oder mit Hilfe von Registrierphotometern. In diesem Fall liegt eine Photometerkurve als Beleg vor, der später wieder kontrolliert werden kann. Obwohl beim Intensitätsvergleich die Fehler der Photoplatte sich weitgehend aufheben, wird man doch bei der quantitativen Raman-Spektralanalyse möglichste Konstanz aller Aufnahmebedingungen anstreben (vgl. die Ausführungen in Abschnitt II, D). Die Einhaltung gleicher Bedingungen ist vor allem bei der Benutzung von Eichaufnahmen unbedingt notwendig. Es ist wohl selbstverständlich, daß man für Eichaufnahmen und Analysenaufnahmen immer die gleiche Plattensorte verwendet.

Die Genauigkeit nach den einzelnen Analysenmethoden ist verschieden. Sie läßt sich immer durch Mittelwertsbildung über mehrere Linienpaare der gleichen Aufnahme oder mehrere Aufnahmen steigern. Im allgemeinen arbeitet man daher bei der quantitativen Raman-Spektralanalyse mit ungefiltertem Licht, weil man dann mehrere Linienpaare für die Analyse zur Verfügung hat und außerdem die Belichtungszeiten wesentlich kürzer sind. Lediglich bei fluoreszierenden und schwach gefärbten Substanzen kann es zur Unterdrückung des Untergrundes notwendig sein, Filteraufnahmen zu machen.

A. Analysen durch Schätzung der Linienintensitäten.

§ 50. Analysen ohne Eichaufnahmen.

Die einfachste Form der quantitativen Analyse, die auf der Schätzung der Linienintensitäten beruht, wurde bei der qualitativen Analyse bereits kurz besprochen (§ 46). Sie ist ziemlich ungenau, wenn die Linienintensitäten der Reinsubstanzen oder wenigstens ihre relativen Intensitäten nicht bekannt sind. Trotzdem erlaubt sie in den meisten Fällen auf Grund der allgemeinen Gesetzmäßigkeiten über die Streufähigkeiten (Aromaten streuen gut, Olefine und verzweigtkettige Paraffine weniger gut, langkettige, unverzweigte Paraffine schlecht) eine Aussage über die ungefähre Zusammensetzung der Analysensubstanz, was Hauptbestandteil, was Nebenbestandteil (etwa 5—30%) und was in untergeordneter Menge (< 5%) vorhanden ist.

Daraus ergibt sich die Notwendigkeit, die Angabe der Linienintensitäten bei der Ausmessung der Spektren möglichst genau vorzunehmen. Die Erfahrung zeigt, daß die relativen Intensitäten innerhalb desselben Spektrums im allgemeinen richtig abgeschätzt werden. Um zu absoluten Intensitäten zu gelangen, wurde vorgeschlagen, die Linien alle auf eine Standardlinie zu beziehen. Die meisten Autoren geben als Standardlinie CCl_4 459 cm^{-1} mit der Intensität zehn an. Es ist also notwendig, CCl_4 unter völlig gleichen Bedingungen aufzunehmen wie die Analysensubstanz und möglichst durch Photometrierung die Intensitäten aller Linien zu bestimmen. Völlig gleiche Aufnahmebedingungen lassen sich durch Konstanthaltung der Lampenspannung (35) oder mit dem Doppelröhrchen (63) erzielen (vgl. § 55α). Auch kann man alle Intensitäten der untersuchten Kohlenwasserstoffe auf die C—H-Frequenz bei 1450 cm^{-1} beziehen, deren Intensität gleich zehn gesetzt wird (11). Es ist jedoch zu beachten, daß die so bestimmten Intensitätsverhältnisse streng nur für die Apparatur und die Aufnahmebedingungen gelten, unter denen sie gemessen wurden, weil die Intensität einer Linie noch von einer Apparatekonstanten abhängt (vgl. § 40γ). Für die vereinfachte quantitative Analyse wäre viel gewonnen, wenn die Intensitätsangaben der Literatur alle in der angegebenen Weise überprüft und korrigiert würden.

§ 51. Analysen mit Eichaufnahmen.

Das Analysenverfahren durch visuelle Abschätzung der Intensitäten ohne Benutzung eines Photometers läßt sich noch verbessern. Nach dem Verfahren von R. SIPS (86) werden Eichaufnahmen

z. B. der Zusammensetzung 100:0, 75:25, 50:50, 25:75 und 0:100 gemacht. Aus den einzelnen Spektren wird dann jeweils ein möglichst nahe zusammenliegendes Linienpaar ausgesucht, das beiden Substanzen angehört und deren Intensitäten bei diesem Mischungsverhältnis einander gleich sind. Aus dem Spektrum einer unbekannten Probe läßt sich dann durch Intensitätsvergleich dieser Linienpaare der Gehalt der Komponenten innerhalb obiger Grenzen angeben. Solche homologen Linienpaare lassen sich leichter finden, wenn man das Verfahren etwas abwandelt. Es werden die Konzentrationen gesucht, bei denen zwei nahe zusammenliegende und analytisch günstige Linien intensitätsgleich sind. Das Analysenverfahren dürfte eine Genauigkeit von etwa $\pm 10\%$ des Gehaltes erreichen. Voraussetzung dazu ist, daß nicht zu viele Linien zwischen den beiden zu vergleichenden liegen, da sonst die Feststellung der Intensitätsgleichheit ungenauer wird. Die Linienintensitäten lassen sich natürlich auch mit einem Photometer vergleichen, doch dabei gibt man gerade den großen Vorteil des Verfahrens auf, daß es mit einfachsten Mitteln arbeitet.

Die Arbeitsweise soll am Beispiel eines untersuchten Gemisches Trichloräthylen-Tetrachlorkohlenstoff kurz erläutert werden. Im Gemisch 50:50 wurden die Linien A (628e, C_2HCl_3), B (1586e, C_2HCl_3) und die Doppellinie CD (760 und 791e, CCl_4) intensitätsgleich gefunden, im Gemisch 25% C_2HCl_3–75% CCl_4 das Linienpaar E (628k, C_2HCl_3) und F (313i, CCl_4) und im Gemisch 75% C_2HCl_3–25% CCl_4 das Linienpaar E (628k, C_2HCl_3) und G (459k, CCl_4). Daraus lassen sich folgende Beziehungen ableiten:

$$\text{wenn } A \text{ bzw. } B \lessgtr C, \text{ dann ist } \frac{(C_2HCl_3)}{(CCl_4)} \lessgtr 1,$$

$$\text{wenn } E \lessgtr F, \text{ dann ist } \frac{(C_2HCl_3)}{(CCl_4)} \lessgtr 1/3,$$

$$\text{wenn } E \lessgtr G, \text{ dann ist } \frac{(C_2HCl_3)}{(CCl_4)} \lessgtr 3.$$

Bei einigermaßen sauberen Spektren kann man auch dazwischenliegende Werte abschätzen.

Da die homologen Linienpaare nur Konzentrationsverhältnisse angeben, so können sie auch in Gegenwart anderer Substanzen angewandt werden, wenn die Konzentrationsverhältnisse aller vorhandenen Substanzen gegeneinander bestimmt werden (Achtung auf Linienüberlagerungen!). Das Verfahren erlaubt eine sehr rasche Bestimmung der Substanzen, ist allerdings nicht sehr genau.

Es sei davor gewarnt, schwache Quecksilberlinien als Bezugslinien für Intensitätsangaben zu wählen. Für die Streuung von

Quecksilberlinien gibt es drei Ursachen: Rayleigh-Streuung, Tyndall-Streuung und Fluoreszenz. Davon sind die beiden letztgenannten in starkem Maße von geringfügigen Verunreinigungen abhängig. Die Rayleigh-Streuung befolgt ein anderes Temperaturgesetz als die Raman-Strahlung. Der Vergleich von Quecksilberlinien mit Raman-Linien wird also nur bei „optisch leeren" Substanzen reproduzierbare Ergebnisse liefern, wenn auch die übrigen Aufnahmebedingungen konstant gehalten werden. Das ist aber gerade bei technischen Produkten im allgemeinen nicht der Fall.

B. Analysen unter Benutzung von Photometern.

§ 52. Allgemeines.

Viel genauere Ergebnisse sind zu erwarten, wenn man die Linienintensitäten mit Hilfe von Photometern bestimmt. Wie Versuche von J. GOUBEAU und L. THALER (87) ergeben haben, ist die photographische Schwärzung nur dann ein brauchbares Maß für die Konzentration, wenn man im geradlinigen Teil der Schwärzungskurve arbeitet, d. h. mit Schwärzungen zwischen 0,5 und 2,0, was bei großen Schwärzungsunterschieden der beiden zu vergleichenden Linien nicht mehr zu erreichen ist. Außerdem müssen die Untergründe bei Eich- und Analysenaufnahmen ähnlich stark sein. Sind diese Voraussetzungen gegeben, dann sind Analysen auf der Grundlage von Schwärzungsdifferenzen einfacher als solche mit Intensitätsverhältnissen bei etwa gleicher Genauigkeit.

Allgemeiner anwendbar sind gerade bei technischen Produkten Analysen auf der Grundlage von Intensitätsverhältnissen. Photometriert werden die Linienspitzen und der dazugehörige Untergrund. Aus der Schwärzungskurve erhält man die entsprechenden Intensitäten. Das Intensitätsverhältnis zweier Linien wird in Beziehung gesetzt zum Konzentrationsverhältnis der zugehörigen Substanzen.

Die quantitative Raman-Spektralanalyse auf Grund von Intensitätsverhältnissen wurde von J. GOUBEAU und L. THALER (87) und W. OTTING (63) eingehend untersucht. Die genauesten Ergebnisse erhält man bei Benutzung von Eichkurven.

§ 53. Analysen mit Eichkurven.

a) **Eichkurven binärer Mischungen.** Es ist zweckmäßig, Mischungen herzustellen, die sich jeweils um 10% unterscheiden, und von jeder Mischung 3—5 Aufnahmen zu machen. Die Intensitätsverhältnisse der Analysenlinien werden aus den verschiedenen Aufnahmen gemittelt und als Funktion der Konzentration auf Millimeterpapier aufgetragen. Benutzt man dazu normales Millimeterpapier, dann unterteilt man die Kurve am besten in mehrere Abschnitte, die man in verschiedenen Maßstäben zeichnet, um sie übersichtlicher zu gestalten (Abb. 27). Zweckmäßiger ist es, wenn man halblogarithmisches Millimeterpapier benutzt (Abb. 28). Den genauen Verlauf der Eichkurve auch für die Zwischenwerte und unter 10% bzw. über 90% kann man aus der Streufähigkeitskurve leicht ableiten, wie im folgenden dargestellt wird:

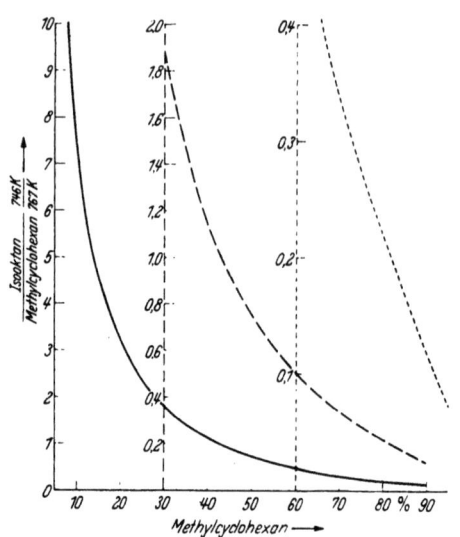

Abb. 27. Eichkurven: Mischung Methylcyclohexan-Isooktan.

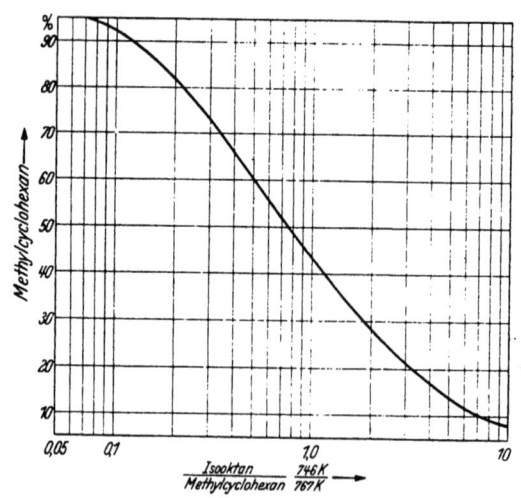

Abb. 28. Eichkurve: Mischung Methylcyclohexan-Isooktan.

Macht man die vereinfachende Annahme, daß die Intensität einer Raman-Linie ihrer Konzentration streng proportional ist, dann ergibt sich das Intensitätsverhältnis zweier Linien der Stoffe A und B mit den Konzentrationen x und $100-x$ und den Proportionalitätsfaktoren a und b zu:

$$\frac{I_a}{I_b} = \frac{a \cdot x}{b(100-x)} \quad \text{bzw.} \quad \frac{a}{b} = \frac{I_a}{I_b} \cdot \frac{(100-x)}{x}.$$

Sind die Streufähigkeiten a und b der Substanzen A und B für alle Mischungsverhältnisse konstant, dann ist der Ausdruck

$$\frac{I_a}{I_b} \cdot \frac{(100-x)}{x}$$

ebenfalls konstant, d. h. a/b als Funktion der Konzentration aufgetragen, müßte eine gerade Linie ergeben. Jede Abweichung von der geraden Linie ist leicht zu erkennen und zeigt an, daß hier die Intensität der Raman-Linie der Konzentration nicht proportional ist (Abb. 29). Bei den bisher untersuchten Beispielen konnte auf diese Weise festgestellt

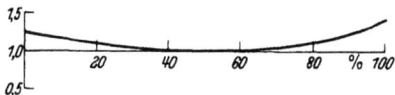

Abb. 29. Streufähigkeitskurve.

werden, daß strenge Proportionalität fast nie besteht. Es wurde gefunden, daß die Änderung des Streufähigkeitsverhältnisses mit der Konzentration bei etwa gleichen Konzentrationen zweier Substanzen relativ geringer ist als bei großen Konzentrationsunterschieden. Außerdem läßt diese Streufähigkeitskurve zufällige Abweichungen einzelner Meßwerte von den Sollwerten leichter erkennen als die Eichkurve, so daß solche Fehler leicht ausgeglichen werden können.

Bei Benutzung so gewonnener Eichkurven für Analysen ergab sich ein mittlerer Fehler von 2 absoluten Prozenten als Mittelwert von 1000 Messungen. In ungünstigen Fällen, bei schwachen und breiten Linien, wurden Einzelfehler bis zu 15% absolut beobachtet. Bei starken und scharfen Linien betrug der maximale Fehler nicht mehr als 5%, der mittlere 1%. Auch durch Mittelwertsbildung über mehrere Linienpaare der gleichen Aufnahme oder des gleichen Linienpaares mehrerer Aufnahmen erhält man Analysenergebnisse mit einem mittleren Fehler von 1%. Die Analysenergebnisse streuen um den richtigen Wert (als mittlere Abweichung vom tatsächlichen Gehalt wurde 0,05% errechnet), so daß die Gewinnung der Eichkurve auf dem Wege: 1. Mittelwerte der Intensitätsverhältnisse der Eichaufnahmen berechnen (I_a/I_b), 2. Streufähigkeitskurve $f(x) = \frac{a}{b} = \frac{I_a}{I_b} \cdot \frac{(100-x)}{x}$ auszeichnen und zeichnerisch Meßfehler ausgleichen, 3. Eichkurve $F(x)$ aus den (a/b)-Werten der Streufähigkeitskurve berechnen und auszeichnen richtig ist.

$$F(x) = \frac{I_a}{I_b} = \frac{a}{b} \cdot \frac{x}{(100-x)}.$$

β) **Eichkurven ternärer Mischungen.** Bei binären Mischungen erfordert die Aufstellung von Eichkurven schon viel Vorarbeit, die zu leisten sich aber lohnt, wenn eine Analyse mit den gleichen Bestandteilen öfter angefertigt werden muß. Beim ternären Gemisch sind zur Aufstellung gleich genauer Eichkurven siebenmal soviel Eichmischungen zu untersuchen wie beim binären. Von W. OTTING (63) wurde das ternäre System Isooktan-Methylcyclohexan-Toluol untersucht. Die ternären Eichkurven wurden folgendermaßen berechnet und ausgezeichnet: Von den ternären Mischungen, die sich jeweils um 10% unterscheiden, wurden je 4 Aufnahmen gemacht, die Linien Isooktan 746k, Methylcyclohexan 767k und Toluol 786k ausphotometriert, die Intensitätsverhältnisse $I/M = 746\text{k}/767\text{k}$, $I/T = 746\text{k}/786\text{k}$ und $M/T = 767\text{k}/786\text{k}$ ermittelt und die Mittelwerte aus den vier Aufnahmen gebildet. Diese Intensitätsverhältnisse zeichnet man wie die binären Eichkurven auf halblogarithmisches Millimeterpapier, wie die Abb. 30 am Beispiel $I:M = 746\text{k}:767\text{k}$ zeigt. Durch diese Meßpunkte wurden dann vorläufige Eichkurven für 10, 20, 30 ... % Toluol gezeichnet. In Dreiecksmillimeterpapier trägt man darauf die Punkte gleicher Linienintensitätsverhältnisse ein, die man der Schar binärer Eichkurven entnimmt. In dem angegebenen Beispiel bekommt man so Meßpunkte auf den Linien 10, 20, 30 ... % Toluol. Die Linien gleicher Intensitätsverhältnisse werden dann ausgezeichnet und ihre Schnittpunkte mit den Linien für 10, 20 ... % Toluol bestimmt. Diese Werte trägt man wieder in Abb. 30 ein und bekommt so eine neue Schar binärer Eichkurven, wie sie in Abb. 30 ausgezogen sind, weil beim zweimaligen Auszeichnen der Eichkurven auf halblogarithmischem und Dreiecksmillimeterpapier die Meßwerte jedesmal zeichnerisch gemittelt werden. Trägt man nun die Meßwerte gleicher Intensitätsverhältnisse wieder in Dreiecks-

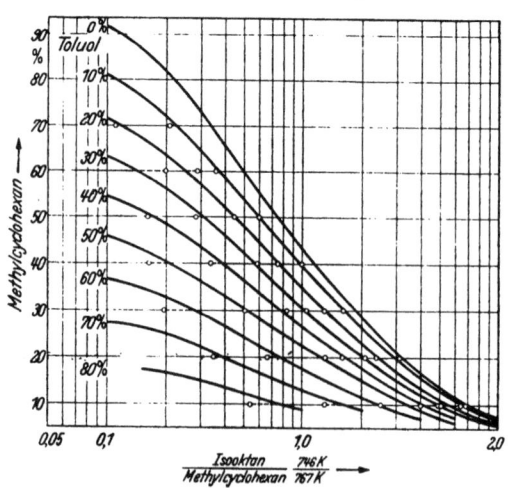

Abb. 30. Zur Darstellung ternärer Eichkurven.

Analysen unter Benutzung von Photometern. 139

millimeterpapier ein, so kann man die ternären Eichkurven auszeichnen, die von zufälligen Meßfehlern durch die dreimalige zeichnerische Mittelwertsbildung ziemlich frei sind. Abb. 31 zeigt solch eine ternäre Eichkurvenschar für die Linien Isooktan zu Methylcyclohexan zu

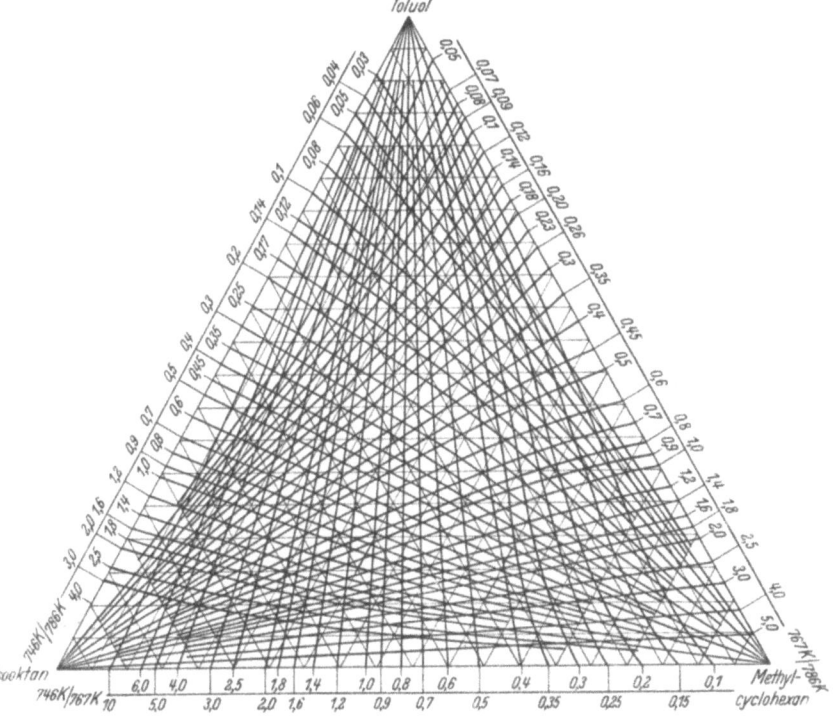

Abb. 31. Ternäre Eichkurven: Mischung Isooktan-Methylcyclohexan-Toluol.

Toluol gleich 746k:767k:786k. Zeichnet man die Kurven gleicher Intensitätsverhältnisse für die drei Verhältnisse Isooktan:Methylcyclohexan, Isooktan:Toluol und Methylcyclohexan:Toluol in verschiedenen Farben, so wird dadurch die Ablesung sehr erleichtert.

Bei der Analyse werden nur in den seltensten Fällen sich die drei Linien der beobachteten Intensitätsverhältnisse in einem Punkte schneiden. Meist wird sich ein Fehlerdreieck ergeben, dessen Schwerpunkt als Analysenwert gewählt wird.

Auch beim ternären System wurde in guter Übereinstimmung zum binären System ein mittlerer Fehler von 2% bei Einzelaufnahmen (Mittelwert aus 284 Beispielen) und von 1,2% bei Mittelwertsbildung über mehrere Aufnahmen der gleichen Mischung gefunden. Der größte beobachtete Fehler einer Einzelaufnahme betrug 5,5%.

Die Gewinnung von ternären Eichkurven in der angegebenen Art erfordert sehr viel Arbeit und auch eine größere Menge von Reinsubstanzen, die bei den Kohlenwasserstoffen oft nur mühsam zu gewinnen sind. Die Herstellung solcher Eichkurven wird sich also nur dann lohnen, wenn das betreffende ternäre Gemisch häufig und mit großer Genauigkeit analysiert werden soll. In den meisten Fällen wird man sich mit einer vereinfachten Analysenmethode begnügen müssen. Vor allem wird sich die Aufstellung ähnlich genauer empirisch gewonnener Eichkurven von mehr als drei Mischungsbestandteilen nur in Ausnahmefällen lohnen. Auf die Konstruktion solcher Eichkurven soll daher nicht näher eingegangen werden.

γ) **Streufähigkeitsformel.** Da keine strenge Proportionalität zwischen Streufähigkeit und Konzentration besteht, sondern Abweichungen beobachtet werden, die vom Mischungspartner abhängig sind, so wäre viel gewonnen, wenn diese Abweichungen aus anderen physikalischen Daten vorausberechnet werden könnten. W. OTTING (63) stellte die Streufähigkeitsformel auf:

$$\frac{a}{b} = \frac{\mathfrak{A} + \alpha B^x}{\mathfrak{B} + \beta A^y} \cdot C.$$

Darin bedeuten:

a und b die Streufähigkeiten der Substanzen A bzw. B. $\mathfrak{A}$ und $\mathfrak{B}$ sind die entsprechenden Streufähigkeiten bei „idealem Verhalten", d. h. bei keiner gegenseitigen Störung der Streufähigkeit. α und β sind Proportionalitätsfaktoren und können positiv und negativ sein. α und β geben an, wie stark die Streufähigkeit des einen Bestandteils durch die Zumischung des anderen geändert wird. Positive (negative) Werte von α und β bedeuten zunehmende (abnehmende) Streufähigkeiten der reinen Substanzen mit der Verdünnung. A und B bedeuten den Bruchteil der Bestandteile A und B in der Mischung. Die Exponenten x und y geben ein Maß für die Stärke der Beinflussung in Abhängigkeit von der Konzentration. Werte von $x > 1$ ($x < 1$) und $y > 1$ ($y < 1$) bedeuten, daß die Beeinflussung der Streufähigkeit einer Substanz bei geringer Konzentration relativ größer (kleiner) ist als bei großer Konzentration eines Bestandteils. C ist ein Faktor, der die Streufähigkeitsverhältnisse a/b in den gleichen Maßstab bringen soll, um die Kurven besser vergleichen zu können. Diese Streufähigkeitsformel gibt zwar die experimentell gefundenen Abweichungen von der Proportionalität gut wieder, enthält aber zu viele Konstanten, denen noch keine reelle physikalische Bedeutung zugemessen werden konnte. Daher ist die Formel zunächst noch ohne praktische Bedeutung.

§ 54. Analysen mit vereinfachten Eichkurven.

α) **Analysen ternärer und höherer Gemische mit binären Eichkurven.** In den meisten Fällen wird man mit vereinfachten Eichkurven auskommen müssen. Wendet man die empirisch gefundenen Eichkurven binärer Gemische auf höhere Gemische an, dann ist der Mischungseinfluß noch teilweise berücksichtigt.

Die Analyse wird für ternäre Mischungen folgendermaßen durchgeführt: Aus den gemessenen Intensitätsverhältnissen werden aus den binären Eichkurven die dazugehörigen Konzentrationsverhältnisse ermittelt. Zur Bestimmung von 3 Substanzen A, B und C würden zwei Verhältnisse A/B und B/C genügen, weil $A + B + C$ gleich 100% sein muß. Zur Kontrolle und Korrektur wird außerdem das Verhältnis $A:C$ berechnet. Die drei Konzentrationsverhältnisse $A:B$, $B:C$ und $A:C$ trägt man nun zweckmäßig in Dreiecksmillimeterpapier ein. Dabei findet man meist ein kleines Fehlerdreieck, für dessen Schwerpunkt man die Koordinaten bestimmt, die die Zusammensetzung der Mischung angeben.

Hat man ternäre Analysen der gleichen Art öfters auszuführen, dann kann man sich die Arbeit durch den Gebrauch vereinfachter ternärer Eichkurven erleichtern. Die Werte der binären Eichkurven für binäre Gemische werden entlang den Kanten von Dreiecksmillimeterpapier eingetragen und diese Punkte geradlinig mit der gegenüberliegenden Ecke verbunden.

Der mittlere Fehler solcher Analysen betrug bei dem untersuchten Beispiel Isooktan-Methylcyclohexan-Toluol 2,4% absolut (Mittelwert aus 108 Analysen, von denen jede sich durch Mittelwertsbildung von etwa vier Aufnahmen ergab). Die Mittelwertsbildung über mehrere Aufnahmen kann natürlich unterbleiben; der mittlere Fehler wird dann etwa 3% absolut betragen.

Bei höheren Gemischen bestimmt man die Verhältnisse $A:B$, $B:C$, $C:D$ usw. und berechnet aus diesen Verhältnissen und der Summengleichung $A + B + C + D + \cdots = 100\%$ die Werte A, B, C, D ... Diese Werte lassen sich kontrollieren, indem man sie auch aus anderen Verhältnissen berechnet, z. B. $A:C$, $B:D$, $A:D$ usw.

β) **Analysen mit Eichkurven aus dem Mischungsverhältnis 1:1.** Da die Änderung des Streufähigkeitsverhältnisses eines binären

Gemisches mit der Konzentration bei etwa gleichen Konzentrationen beider Substanzen relativ geringer ist als bei großen Konzentrationsunterschieden, so ist es sinnvoll, für das Streufähigkeitsverhältnis zweier Linien nicht das Intensitätsverhältnis der Reinsubstanzen zu benutzen, sondern dasjenige der Mischung 1:1.

Das Intensitätsverhältnis a/b der Analysenlinien wird aus der Aufnahme einer Mischung 1:1 möglichst genau bestimmt (Mittelwert aus mehreren Aufnahmen) und die Eichkurve $F(x) = I_A/I_B$ aus diesem einen Wert berechnet und aufgezeichnet:

$$F(x) = \frac{a}{b} \frac{x}{(100-x)},$$

wobei x den %-Gehalt von A angibt.

Beim ternären System werden entweder die $F(x)$-Werte entlang der Kanten von Dreiecksmillimeterpapier eingetragen und mit der gegenüberliegenden Ecke verbunden, wodurch man ternäre Eichkurven erhält, oder man bestimmt aus den binären Eichkurven die Konzentrationsverhältnisse $A:B$, $B:C$ und $A:C$ und ermittelt den Schwerpunkt des Fehlerdreiecks aus Dreieckskoordinatenpapier.

Die Genauigkeit dieses Verfahrens wurde am System Isooktan-Methylcyclohexan-Toluol untersucht und ergab im binären System einen mittleren Fehler von 2,3% für die Einzelmessung als Mittelwert von 232 Beispielen. Durch Mittelwertsbildung über mehrere Linienpaare oder mehrere Aufnahmen derselben Mischung wurden Analysenwerte erhalten mit einem mittleren Fehler von 1,9% absolut. Die mittlere Abweichung vom tatsächlichen Gehalt lag bei 0,38%. Im ternären System ergab sich ein mittlerer Fehler von 2,4% als Mittelwert von 142 Beispielen. Im binären und ternären System wurde ein maximaler Fehler von etwa 8% beobachtet. Es sei jedoch bemerkt, daß nur analytisch günstige scharfe Linien untersucht wurden. Bei schwachen und breiten Linien sind größere Fehler zu erwarten. Wie man sieht, ist der zusätzliche Fehler, den man durch diese Vereinfachung macht, nicht erheblich. Die Zusammensetzung höherer Gemische muß wie unter α angegeben berechnet werden.

γ) **Analysen mit Eichkurven aus den Intensitäten der Reinsubstanzen.** Ist es nicht möglich, die Substanzen in der Mischung 1:1 zu untersuchen, weil die Beschaffung von Reinsubstanzen so schwierig ist, daß man sie nicht mit anderen Substanzen mischen will, dann kann man in gleicher Weise auch Analysen aus den Intensitätsverhältnissen der Reinsubstanzen machen. Dazu ist es notwendig, die Linienintensitäten der Reinsubstanzen genau zu bestimmen. Besitzt man keinen Spannungsgleichhalter für den Quecksilberbrenner der Raman-Lampe, dann muß man mit unkontrollierbaren Intensitätsschwankungen der Lampe rechnen, weil die Intensität nicht in einfacher Weise der Spannung und Stromstärke proportional ist und außerdem noch von der Lampenkühlung abhängt. Um vergleichbare Bedingungen zu schaffen, müßte man schon die Werte mehrerer Aufnahmen gleicher Belichtungszeit mitteln. Am besten macht man auf die gleiche Platte unmittelbar hintereinander abwechselnd Aufnahmen der beiden zu vergleichenden Substanzen, weil dadurch Schwankungen der Lampenhelligkeit am besten ausgeglichen werden können.

Einfacher noch lassen sich vergleichbare Einstrahlungsbedingungen mit dem Doppelröhrchen (63) erzielen: Zwei Raman-Röhrchen sind eins oben, eins unten eben abgeschliffen und können übereinander gleichzeitig in die Lampe geschoben werden. Die Schliffflächen sind geschwärzt. Die beiden Röhrchen werden so justiert, daß sich die beiden Substanzen dicht ober- bzw. unterhalb der optischen Achse der Apparatur befinden. Die Lampe wird möglichst dicht an den Spektrographenspalt herangeschoben, dessen volle Höhe für diese Aufnahmen ausgenutzt wird. Zweckmäßig schiebt man noch eine horizontale schwarze Blende zwischen den Spalt und die Röhrchenenden, so daß das Streulicht der beiden Substanzen den Spalt sicher an zwei getrennten Stellen, aber unmittelbar ober- bzw. unterhalb der optischen Achse erreicht. Auf diese Weise werden die beiden Substanzen gleichzeitig mit derselben Lampe aufgenommen. Unterschiede für die getrennten Lichtwege in der Apparatur werden ausgeglichen, indem man die Substanzen bei einer zweiten Aufnahme in den Röhrchen austauscht.

Sind die beobachteten Linienintensitätsverhältnisse vor und nach dem Austausch der Substanzen a und b, dann ist deren Mittelwert $M = a \sqrt{b/a} = b \sqrt{a/b}$.

Bei einer Aufnahme Isooktan:Methylcyclohexan = 1:1 gegen Isooktan wurde das Intensitätsverhältnis für die Linie 746k im Gemisch gegen Reinsubstanz mit 0,662 gemessen, nach dem Austausch der Substanzen mit 0,326. Als Mittelwert errechnet man 0,465. Das heißt, durch die Zumischung der gleichen Menge Methylcyclohexan zu Isooktan nimmt die Streufähigkeit von Isooktan um 7% ab.

Mit Hilfe dieser Doppelröhrchen kann man alle Substanzen mit CCl_4 vergleichen und die Linienintensitäten auf die Linie CCl_4 459 cm^{-1} beziehen. Die so bestimmten Linienintensitäten lassen sich dann miteinander vergleichen. Interessiert man sich nur für ein bestimmtes Linienverhältnis, dann nimmt man die in der Analyse zu bestimmenden Substanzen im Doppelröhrchen auf, in jedem Röhrchen eine Reinsubstanz. Das so gemessene Intensitätsverhältnis zweier Linien müßte bei strenger Proportionalität zwischen Konzentration und Streufähigkeit dasselbe sein wie in der Mischung 1:1.

Auf Grund dieses Intensitätsverhältnisses lassen sich nun in gleicher Weise wie oben beschrieben binäre und ternäre Eichkurven zeichnen. Die Genauigkeit dieser Eichkurven wurde am System Isooktan-Methylcyclohexan-Toluol überprüft. Es ergab sich ein mittlerer Fehler von 3,0% im binären System und 3,9% im ternären System als Mittelwert von je 150 Beispielen. Der maximale Fehler betrug im binären System 8,4%, im ternären 11%. Die mittlere Abweichung vom tatsächlichen Gehalt lag bei den drei untersuchten binären Systemen bei 2,6%, 0,6% und 3,3%.

Aus dem Vergleich der Ergebnisse nach dieser Methode — vereinfachte Eichkurven aus den Linienintensitäten der Reinsubstanzen — und der vorher beschriebenen — vereinfachte Eichkurven aus einer Eichaufnahme beim Mischungsverhältnis 1:1 — ersieht man, daß gemäß der obengenannten Regel als Streufähigkeit einer Substanz besser die in 50%iger Verdünnung als die der Reinsubstanz anzunehmen ist.

Zu welch falschen Ergebnissen man kommen kann, wenn man die meist geschätzten Intensitätsangaben der Literatur benutzt, sei am Beispiel Isooktan-Toluol gezeigt. Für die Linie Toluol 786 cm^{-1} gibt KOHLRAUSCH die Intensität 9 an. Die Intensitätsangaben für Isooktan 746 cm^{-1} sind 19 (ZELNISKY und LANDSBERG), 20 (RANK und BORDNER) und 5 (BONINO und MANZONI), im Mittel also 15. Bei 52 Analysen unter Zugrundelegung dieser Intensitätsangaben ergab sich ein mittlerer Fehler von 27% absolut bei einem maximalen Fehler von 44%. Würde man die Analysen statt mit Toluol 786 cm^{-1} mit 1004 cm^{-1} durchführen, wofür KOHLRAUSCH die Intensität 12 angibt, so wäre der Fehler noch größer, statt 20% Toluol ergäbe die Analyse z. B. 60,5% Toluol als Mittelwert aus 5 Aufnahmen. Die auf CCl_4 459 cm^{-1} bezogenen Intensitäten sind nach RANK für

Isooktan 746 cm^{-1} ~ 0,166
Toluol   786 cm^{-1} ~ 0,516
Toluol   1004 cm^{-1} ~ 0,917

Zeichnet man Eichkurven nach diesen Intensitätsangaben, so ergeben sich Fehler von der gleichen Größenordnung wie bei den Eichkurven aus Doppelröhrchenwerten.

Für Einzelmessungen lohnt sich natürlich die Anlegung von Eichkurven nicht. In diesem Fall wird man das Konzentrationsverhältnis x/y einfach aus dem gefundenen Intensitätsverhältnis I_A/I_B berechnen.

$$\frac{I_A}{I_B} = \frac{a}{b} \cdot \frac{x}{y},$$

wo a/b das Intensitätsverhältnis der Reinsubstanzen A/B bzw. der Mischung 1:1 ist.

Auch für Systeme mit mehr als drei Komponenten wird man den %-Gehalt aus den Verhältniswerten aller Gemischbestandteile berechnen, deren Summe gleich 100 ist.

Fehler, die sich aus der Annahme der Proportionalität zwischen Konzentration und Intensität ergeben, werden teilweise dadurch ausgeglichen, daß man möglichst viele Intensitätsverhältnisse bildet und die Ergebnisse mittelt. Erfahrungsgemäß ist dieser Fehler bei großen Konzentrationsunterschieden relativ größer als bei etwa gleichen Konzentrationen.

§ 55. Direkte Bestimmung der Konzentrationen.

In einem Gemisch interessiert manchmal nur die Konzentration an einer bestimmten Substanz. Wollte man nach dem Verfahren der Intensitätsverhältnisse diese Konzentration berechnen, dann müßte man gleichzeitig alle übrigen Substanzen mitbestimmen, weil die Summe aller Konzentrationen gleich 100% ist. Die im folgenden beschriebenen Analysenverfahren erlauben die Bestimmung einzelner Bestandteile in einem Gemisch. Es lassen sich auf diese Weise natürlich auch Vollanalysen machen, wenn man alle Einzelkomponenten so bestimmt. In diesem Fall hat man eine gewisse Analysenkontrolle darin, daß die Summe der %-Gehalte gleich 100 sein muß. Ergibt die Summe nicht 100%, so muß überprüft werden, ob bei der qualitativen Analyse Bestandteile übersehen wurden, ob durch Linienkoinzidenzen Intensitätsverschiebungen eingetreten sind oder ob das Verfahren zu ungenau war. In diesem Fall wird man den Fehler prozentual auf die Einzelkomponenten verteilen.

a) **Konzentrationsbestimmung mit dem Doppelröhrchen.** Mit dem Doppelröhrchen (vgl. § 54 γ) läßt sich nun der Gehalt jeder einzelnen Substanz direkt ermitteln, indem man das Gemisch und die Reinsubstanz gleichzeitig aufnimmt und das gemessene Intensitätsverhältnis der Konzentration gleichsetzt. Da keine strenge

Proportionalität zwischen Konzentration und Intensität besteht, wird man bei diesem Verfahren einen systematischen Fehler machen, der sich erfahrungsgemäß für große Konzentrationen (über 70%) am stärksten auswirkt. Man kann diesen Fehler korrigieren, indem man bei einer zweiten Analyse die Analysensubstanz gegen eine Mischung aufnimmt, die die zu analysierende Substanz in ungefähr gleicher aber genau bekannter Konzentration enthält. Als Mischungskomponenten wählt man dabei zweckmäßig gleiche oder ähnliche wie in der Analysensubstanz.

β) **Konzentrationsbestimmung durch Zumischung einer Bezugssubstanz.** J. GOUBEAU (76) hat folgendes Verfahren ausgearbeitet: Der Analysensubstanz wird eine Bezugssubstanz beigemischt, die sich natürlich klar mischen muß und die möglichst wenig, aber starke Linien besitzt (z. B. Tetrachlorkohlenstoff, Chloroform, Schwefelkohlenstoff, Acetonitril u. a.), die nicht mit den analytisch wichtigen Linien des zu untersuchenden Gemisches zusammenfallen dürfen. Die zugesetzte Menge richtet sich nach den Schwärzungen der zu messenden Linien. Günstig sind ungefähr gleiche Schwärzungen der Vergleichslinien. Sind die zu bestimmenden Schwärzungen sehr unterschiedlich, so wird der Zusatz so gewählt, daß die Vergleichsschwärzungen einen mittleren Wert annehmen. Mehr als 25—30% wird man nicht zusetzen, um eine zu starke Verdünnung der Analysensubstanz zu vermeiden, wodurch die Nachweisempfindlichkeit zu stark vermindert würde.

Zur Ausführung von Analysen werden zunächst Eichaufnahmen, z. B. mit den Konzentrationen 100, 50, 25, 10, 5, 3, 1%, aufgenommen. Aus diesen Eichaufnahmen bestimmt J. GOUBEAU die Beziehung zwischen Schwärzungsdifferenz und Konzentration. Nach den allgemeinen Erfahrungen in der Raman-Spektralanalyse scheint es günstiger zu sein, den Zusammenhang zwischen Intensitätsverhältnis und Konzentration zu ermitteln. Bei der Analyse wird durch rechnerische oder graphische Interpolation die zu den gemessenen Schwärzungsdifferenzen bzw. Intensitätsverhältnissen zugehörige Konzentration ermittelt. Da die Konzentration der Vergleichssubstanz bekannt ist, läßt sich die Menge jeder einzelnen Mischungskomponente direkt bestimmen.

J. GOUBEAU gibt für die Methode mit Schwärzungsdifferenzen eine Genauigkeit von durchschnittlich ± 5% des Gesamtgehaltes an.

Nach einem ähnlichen Verfahren arbeiten D. H. RANK und Mitarbeiter (88). Sie mischen 2 cm^3 CCl$_4$ in 25 cm^3 der Substanz und beziehen alle Linienintensitäten auf CCl$_4$.

γ) **Konzentrationsbestimmung durch korrigierte Vergleichsaufnahmen mit Reinsubstanzen.** E. J. ROSENBAUM und Mitarbeiter (89) beziehen die Linienintensitäten nicht auf eine Beimischung konstanter Konzentration, sondern bestimmen durch Eichaufnahmen das Verhältnis der Linienintensitäten der Reinsubstanzen gegeneinander. Es werden Mischungen bekannter Zusammensetzung, die die später zu analysierenden Substanzen enthalten, aufgenommen.

Die effektive Intensität der Raman-Linie I_e wird durch die der reinen Substanz I_0, die möglichst unter gleichen Bedingungen aufgenommen wird, dividiert. Dieser %-Satz $P = I_e/I_0$ wird für mehrere Linien derselben Substanz und desselben Spektrums gebildet und gemittelt P_m. Die %-Sätze P_m werden für alle Bestandteile der Mischung bestimmt. Ihre Summe müßte theoretisch 100% ergeben, andernfalls wird auf 100% korrigiert P_k. Nun werden die Verhältnisse der korrigierten %-Sätze P_k zu den vorhandenen (die bei der Eichmischung ja bekannt sind) gebildet (R) und diese Verhältnisse über alle Eichmischungen gemittelt (R_m). Die Intensität I_0 der Analysenlinie der reinen Komponenten wird nun mit R_m multipliziert und ergibt die korrigierte Intensität I_k, die die Abweichungen von den Durchschnittsbedingungen berücksichtigt (Tabelle 21).

Tabelle 21.

Berechnung der korrigierten Intensität I_k einer Vierkomponenten-Eichmischung

Raman-Linie cm^{-1}	Bestandteil	Mischung 1					
		I_0	I_e	P	P_m	P_k	R_1
818	p-Äthyltoluol	0,554	0,517	93,3			
806	p-Äthyltoluol	0,530	0,527	99,3	92,1	58,1	0,97
644	p-Äthyltoluol	0,421	0,353	83,8			
520	m-Äthyltoluol	0,398	0,215	54,0	54,0	34,1	1,14
576	Mesitylen	2,22	0,273	12,3	12,3	7,8	0,78
					158,4	100,0	

		Mischung 2					R_2
744	Pseudocumol	1,38	0,132	9,6	10,0	5,6	0,56
557	Pseudocumol	1,13	0,118	10,4			
520	m-Äthyltoluol	0,398	0,450	113,0	113,0	63,9	1,07
576	Mesitylen	2,22	1,20	54,0	54,0	30,5	1,02
					177,0	100,0	

Tabelle 21 (Fortsetzung)

Raman-Linie cm^{-1}	Bestandteil	Mischung 3					
		I_e	I_c	P	P_m	P_k	R_s
818	p-Äthyltoluol	0,554	0,089	16,1			
806	p-Äthyltoluol	0,530	0,079	14,9	15,1	10,1	1,01
644	p-Äthyltoluol	0,421	0,060	14,3			
744	Pseudocumol	1,38	0,476	34,5	32,5	21,8	0,73
557	Pseudocumol	1,13	0,344	30,5			
576	Mesitylen	2,22	2,26	101,6	101,6	68,1	1,13
					149,2	100,0	

		Mischung 4					R_4
818	p-Äthyltoluol	0,554	0,265	47,8			
806	p-Äthyltoluol	0,530	0,306	57,7	51,4	32,8	1,09
644	p-Äthyltoluol	0,421	0,205	48,6			
744	Pseudocumol	1,38	1,12	80,8	84,8	54,1	0,90
557	Pseudocumol	1,13	1,01	88,8			
520	m-Äthyltoluol	0,398	0,082	20,6	20,6	13,1	1,31
					156,8	100,0	

	R_1	R_2	R_3	R_4	R_m
p-Äthyltoluol	0,97	—	1,01	1,09	1,02
Pseudocumol	—	0,56	0,73	0,90	0,73
m-Äthyltoluol	1,14	1,07	—	1,31	1,17
Mesitylen	0,78	1,02	1,13	—	0,98

Raman-Linie cm^{-1}	Bestandteil	I_e	R_m	I_k
818	p-Äthyltoluol	0,554	1,02	0,565
606	p-Äthyltoluol	0,530	1,02	0,540
644	p-Äthyltoluol	0,421	1,02	0,429
744	Pseudocumol	1,38	0,73	1,01
557	Pseudocumol	1,13	0,73	0,825
520	m-Äthyltoluol	0,398	1,17	0,466
576	Mesitylen	2,22	0,98	2,17

Zur quantitativen Analyse wird die effektive Intensität I_e durch die entsprechende korrigierte Intensität I_k dividiert $I_e/I_k = P$ und über mehrere Linien der gleichen Substanz gemittelt P_m. Wenn alle Komponenten der Mischung so erfaßt sind, werden diese Werte proportional auf 100% umgerechnet P_k. Die Werte P_k geben direkt den %-Gehalt für die betreffende Substanz an (Tabelle 22).

Analysen unter Benutzung von Photometern. 149

Tabelle 22.

Analyse einer Vierkomponentenmischung

Raman-Linie cm^{-1}	Bestandteil	I_e	P	P_m	P_k	$P_{vorh.}$	Fehler
818	p-Äthyltoluol	0,348	61,6				
806	p-Äthyltoluol	0,352	65,2	61,8	25,5	25	+ 0,5
644	p-Äthyltoluol	0,251	58,5				
744	Pseudocumol	0,578	57,2	59,0	24,5	25	− 0,5
557	Pseudocumol	0,502	60,9				
520	m-Äthyltoluol	0,290	62,1	62,1	26	25	+ 1
576	Mesitylen	1,244	57,4	57,4	24	25	− 1

Ein mittlerer Fehler ist von den Autoren nicht angegeben. Da das Verfahren ohne Eichkurven arbeitet und die Abhängigkeit der Streufähigkeit vom Mischungspartner unberücksichtigt bleibt -- es wird ein linearer Zusammenhang zwischen Linienintensität und Konzentration angenommen —, so dürfte nach allgemeinen Erfahrungen ein mittlerer Fehler von 4% absolut zu erwarten sein. Bei den in der Arbeit angeführten 17 Beispielen (Gemische von C_8 und C_9-Aromaten bzw. Trimethylpentane) liegt der mittlere Fehler bei etwa 1%.

d) **Konzentrationsbestimmung durch direkte Photometrierung des Raman-Lichtes und Vergleich über die Linie CCl$_4$ 459 cm^{-1}.** Mit einer neuartigen und sehr lichtstarken Anordnung arbeiten D. H. RANK und Mitarbeiter (35, 6). Sie umgehen die Photoplatte mit ihren vielen Fehlermöglichkeiten und photometrieren das Raman-Licht direkt. Die Ausschläge des Spiegelgalvanometers werden auf Photostreifen registriert. Mit Hilfe von Spannungsgleichhaltern wird die Einstrahlungsintensität so konstant gehalten, daß die photometrierte Intensität der Raman-Linien als Maß für die Konzentration der Substanz dienen kann. Aus dem Grunde ist ihnen auch eine neuartige Methode der quantitativen Analyse möglich.

Zunächst wird ein Raman-Rohr mit CCl$_4$ belichtet und der kleine Bereich ausphotometriert, in dem die Linie 459 cm^{-1} liegt. Darauf wird das Rohr gegen ein anderes mit der Analysensubstanz ausgetauscht und das Spektrum von 1700 bis 150 cm^{-1} (4725 bis 4385 Å) ausgemessen, was eine halbe Stunde Zeit beansprucht. Daran schließt sich eine zweite Aufnahme von CCl$_4$ 459 cm^{-1} an. Wenn diese zweite Aufnahme mit der ersten bis auf 2--3% übereinstimmt, wird das Spektrum analytisch ausgewertet.

Für die quantitative Analyse muß auf das Spektrogramm eine Basislinie gezogen werden, wie in Abb. 17 dargestellt ist. Da die

Intensitäten der Raman-Linien den Galvanometerausschlägen direkt proportional sind, diese wiederum den Höhen der Linien über der Basislinie auf dem Spektrogramm, werden diese Höhen für die Analysenlinien ausgemessen. Es wird dann der **Streuungskoeffizient** für diese Linienhöhe bestimmt, indem das Höhenverhältnis zur Höhe von CCl_4 459 cm^{-1} berechnet wird. In gleicher Weise wird der Streuungskoeffizient der entsprechenden Linie in der Reinsubstanz gemessen. Die Konzentration der zur Analysenlinie gehörigen Substanz in der Mischung ist gleich dem Verhältnis der Streuungskoeffizienten in der Mischung und in der Reinsubstanz.

Für die meisten Mischungen von Kohlenwasserstoffen gleichartigen Strukturtyps wurde direkte Proportionalität zwischen Streuungskoeffizient und Volumenprozentgehalt gefunden. Für Mischungen ungleichartigen Typs, wie Aromaten und Paraffinen, ergaben sich Abweichungen von der direkten Proportionalität. Bei solchen Mischungen sind Eichaufnahmen notwendig, wenn höchstmögliche Genauigkeit angestrebt wird.

Natürlich wird man auch nach diesem Verfahren möglichst starke und scharfe Linien für die Analyse wählen. Sind von einer Substanz mehrere analytisch geeignete Linien vorhanden, so wird man diese mit auswerten. Ergeben sich beim Vergleich der Analysenergebnisse für die verschiedenen Linien Widersprüche, dann ist zu überprüfen, ob die eine oder andere Linie von einer Störlinie überlagert ist. Auch läßt sich durch geringfügige Variation im Verlauf des Untergrundes der Fehler oft beheben. Überlagern sich zwei Analysenlinien, so addieren sich ihre Ausschläge. Da aber dann meist der Verlauf des Untergrundes unsicher wird, so sind Analysen mit solchen Linien nur mit Vorsicht zu behandeln. Eine Analysenkontrolle hat man darin, daß die Summe der %-Gehalte 100% ergeben muß. Ist der Gesamtbetrag höher, dann untersucht man, ob die Basislinie zu tief gelegt war. Ist der Gesamtbetrag weniger als 100%, dann muß überprüft werden, ob die Substanz gefärbt war, ob die Basislinie zu hoch gelegt war und schließlich, ob bei der qualitativen Analyse nicht ein Bestandteil übersehen wurde.

Die Genauigkeit nach diesem Analysenverfahren wird mit durchschnittlich 2% Fehler angegeben, wobei die größten Fehler in Mischungen mit sehr ähnlich gebauten Molekülen und solchen aus vielen Mischungsbestandteilen beobachtet werden. Im einen Fall überlagern sich die Analysenlinien leicht, im anderen ist die genaue Festlegung des Untergrundes schwierig.

Dieses Verfahren ist sehr empfindlich gegen gefärbte Verunreinigungen, weil Farbe das Streulicht absorbiert und so die Intensität der Raman-Strahlung fälscht. Farbe läßt sich leicht durch Absorptionsmessung mit einem guten Absorptionsphotometer im fraglichen Wellenlängenbereich nachweisen.

Manchmal interessiert in erster Linie die Summe gleichartiger Substanzen in einer Mischung, z. B. die Summe der Olefine und die der Aromaten in einem Kohlenwasserstoffgemisch. In diesem Fall bestimmt man die Konzentrationen an Hand charakteristischer Frequenzen. Diese sind aber nicht völlig lagekonstant. So liegen die Frequenzen der C=C-Bindung zwischen 1640 und 1680 cm^{-1}, die der Pulsationsschwingung von Aromaten im Bereich von 1590—1615 cm^{-1}. Als Photometerkurve wird man also keine scharfe Linie, sondern ein breites Band erhalten. Als Maß für die Konzentration wählen J. J. HEIGL und Mitarbeiter (90) den Ausdruck

$$\text{Volumen-\%} \frac{S \cdot B}{s \cdot b} \cdot 100,$$

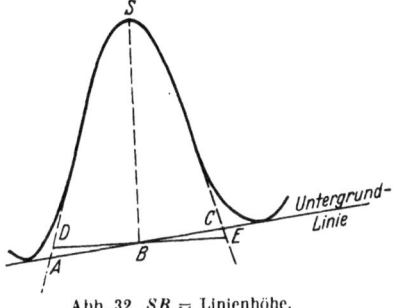

Abb. 32. SB = Linienhöhe.

Streuungskoeffizient = $\dfrac{SB}{\text{Linienhöhe von CCl}_4}$

DBE = Basisbreite.

Streubereich = Streuungskoeffizient × Basisbreite.

S = der Streuungskoeffizient für die Linienspitze, B = Basisbreite (DBE in Abb. 32), s = Mittelwert aus den Streuungskoeffizienten der betreffenden Reinsubstanzen und b = Mittelwert aus den Basisbreiten der Reinsubstanzen. Die Genauigkeit des Analysenverfahrens wird mit etwa ± 10% des wirklichen Wertes angegeben.

C. Analysenverfahren, die nicht auf Intensitätsmessungen beruhen.

§ 56. Analysen auf Grund der Linienbreite.

Die bisherigen Analysenmethoden benutzten alle die Linienhöhe (Abstand Linienspitze—Untergrund) als Maß für die Intensität. Da aber auch die Linienbreite mit zunehmender Intensität wächst, so kann auch diese für analytische Zwecke ausgenutzt werden. Untersuchungen hierüber haben A. DEBEFVE (91) und G. DUYCKAERTS und G. MICHEL (92) angestellt.

Die Linienbreite ist außer von der Intensität der Raman-Strahlung abhängig von der Lichtquelle, der Spaltbreite, der Dispersion und der Korngröße der Photoplatte. Diese Bedingungen sind daher für Eich- und Analysenaufnahmen konstant zu halten. Eine Hochdruckquecksilberlampe läßt breitere und diffusere Linien entstehen als eine Niederdrucklampe. Ebenso wirkt schlechte Lampenkühlung linienverbreiternd. Für die Spaltbreite gibt es, wie früher schon beschrieben, ein Optimum, oberhalb dessen eine Spalterweiterung nur linienverbreiternd und nicht intensitätssteigernd wirkt. Die Dispersion ist bei einer bestimmten Anordnung im allgemeinen vorgegeben. Da sie aber temperaturabhängig ist, so ist die Temperatur im Spektrographenraum möglichst konstant zu halten. Vor allem ändert sich mit der Dispersion die Scharfeinstellung der Linien auf der Photoplatte und damit die Linienbreite.

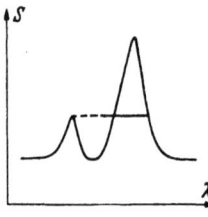

Abb. 33. Linienbreitenmessung nach A. DEBEFVE.

Zur Ausmessung der Linienbreite sind sehr genaue Photometer nötig, die eine Breitenmessung von $1/1000$ mm noch gestatten. Zur Erhöhung der Genauigkeit arbeitet man am besten mit großer Dispersion (größer als 50 Å/mm im Blau).

Zur Analyse binärer Gemische werden zwei möglichst nahe benachbarte Linien miteinander verglichen. In Höhe der Linienspitze der schwächeren Linie wird die Linienbreite der stärkeren gemessen (Abb. 33). Diese Linienbreite wird als Funktion der Konzentration in Eichkurven eingetragen. Die Ergebnisse der binären Gemische lassen sich auf ternäre Systeme nicht übertragen. Daher mischt man in diesem Fall eine bestimmte Menge Tetrachlorkohlenstoff zur Analysensubstanz und mißt die Breite der Linie 459 cm^{-1} an den Stellen, die gleiche Schwärzung haben wie die Bezugslinien der zu analysierenden Substanzen.

Haben die beiden Bezugslinien ungefähr gleiche Schwärzung, dann wird das Verfahren ungenau. Es ist gut anwendbar in Konzentrationsbereichen von etwa 5—20%, weil für Schwärzungen dieser Konzentrationen die Vergleichslinie 459 cm^{-1} noch relativ breit ist.

Die Untergrundschwärzung wird bei diesem Verfahren nicht berücksichtigt. Sie verfälscht die Ergebnisse nicht, wenn sie bei Eich- und Analysenmischung gleich ist. Ein stark schwankender Untergrund zwischen den beiden Bezugslinien macht das Verfahren unbrauchbar. Daher ist seine Anwendung auf völlig reine Substanzen beschränkt. Die Genauigkeit des Verfahrens wird unter diesen Bedingungen mit durchschnittlich 0.3% Fehler angegeben bei einem maximalen Fehler von 1%.

§ 57. Analysen auf Grund von Frequenzänderungen.

Die Grundlage der qualitativen Analyse ist die Unabhängigkeit der Raman-Frequenz von den Mischungskomponenten. Diese Unabhängigkeit ist auch in den meisten Fällen gegeben. In manchen Molekülen sind aber gewisse Frequenzen in starkem Maße vom Mischungspartner abhängig, wenn durch diesen die Bindekräfte, die bei der betreffenden Frequenz beansprucht werden, sich unter dem Einfluß des Mischungspartners ändern. Das ist z. B. der Fall, wenn durch die Verdünnung mit einem Lösungsmittel eine in der reinen Substanz bestehende Assoziation aufgehoben wird.

R. HEERDT (74) hat diese Verhältnisse am Aceton untersucht und gefunden, daß die Aceton-Frequenz 1707 cm^{-1} gegen Lösungsmittel empfindlich ist: Bei Zumischung von Heptan oder Oktan liegt die CO-Frequenz in 25%iger bzw. 40%iger Acetonlösung bei 1721 cm^{-1} und steigt mit zunehmender Verdünnung noch etwas an. Die sterisch kompakteren Moleküle Cyclohexan und Isooktan als Lösungsmittel wirken schwächer und lassen die CO-Frequenz erst in 10%iger Acetonlösung auf 1726 cm^{-1} ansteigen. In der Mischung Aceton-Tetrachlorkohlenstoff wird die CO-Frequenz noch schwächer beeinflußt. Bei 10% Aceton wird noch 1713 cm^{-1} gemessen, in 5%iger Acetonlösung dagegen 1739 cm^{-1}. Durch diese Lösungsmittel wird die Assoziation zwischen den Acetonmolekülen mehr oder weniger aufgehoben, so daß die CO-Frequenz dem Wert des entassoziierten Acetons 1735 cm^{-1} zustrebt. In Lösungsmitteln mit Dipolmoment, wie Wasser und Methanol, nimmt die CO-Frequenz mit steigender Lösungsmittelkonzentration ab und erreicht bei 50% Wasser den Wert 1697 cm^{-1}. Die übrigen Frequenzen des Acetons ändern sich auch etwas mit der Verdünnung durch Fremdmoleküle, jedoch liegen diese Änderungen meist innerhalb der Fehlergrenzen von 10 cm^{-1}, sind also nur durch sorgfältige Messungen und Mittelwertsbildungen über mehrere Aufnahmen nachzuweisen.

Eine Auswertung der untersuchten Mischungsreihen für die quantitative Analyse ist mit einer Genauigkeit von ± 5% in den Mischungen von Aceton mit Heptan bzw. Oktan, Isooktan und Cyclohexan möglich. In den ungünstigeren Mischungen Aceton mit Tetrachlorkohlenstoff bzw. Chloroform ist die Genauigkeit ± 10%.

Es ist also grundsätzlich möglich, in gewissen Ausnahmefällen auch auf dieser Basis ein Analysenverfahren aufzubauen. Da es aber nicht allgemein anwendbar ist, so wird man normalerweise den zuerst beschriebenen Verfahren den Vorzug geben.

V. Schlußbetrachtungen.

§ 58. Ausblick.

Die chemische Analyse organischer Substanzen, vor allem von Substanzmischungen, ist umständlich und oft nur schwierig und ungenau durchführbar, weil die chemischen Unterschiede der vielen Isomeren meist nur gering sind. Die Analyse führt immer zur Zerstörung der untersuchten Substanz. Demgegenüber ist die Raman-Spektralanalyse, wie auch andere physikalische Analysenmethoden, schneller, die untersuchte Substanz wird durch die Aufnahmen normalerweise nicht verändert, und auch die Unterschiede zwischen den einzelnen Isomeren sind meist so groß, daß diese spektroskopisch unterschieden werden können. Die Hauptschwierigkeit bei der Raman-Spektralanalyse liegt darin, daß die Substanzen, die aufgenommen werden, ,,optisch leer" sein sollen. Gefärbte und fluoreszierende Substanzen bereiten noch erhebliche Schwierigkeiten. Auch die Aufnahmetechnik von Festsubstanzen läßt noch zu wünschen übrig. Der geringen Intensität der Raman-Strahlung, die zu sehr langen Belichtungszeiten führte und der allgemeinen Anwendung bisher hinderlich im Wege stand, ist durch die Entwicklung lichtstarker Lampen und Spektrographen heute Rechnung getragen. Trotzdem sind auf diesem Gebiete noch weitere Verbesserungen zu erwarten. Zu wünschen bliebe noch eine lichtstarke und monochromatische Lichtquelle, die weniger Störlinien hat als das heute normalerweise gebrauchte Quecksilberlicht.

Bei der bisherigen Entwicklung des Raman-Effektes wurden vorwiegend physikalische Probleme behandelt. Dabei wurde eine große Zahl von Substanzen aufgenommen. Nachdem deren Spektren nun vorliegen, ist die Möglichkeit gegeben, den Raman-Effekt im steigenden Maße auch für analytische Aufgaben zu verwenden.

Bisher wurde der Raman-Effekt vor allem auf dem Gebiet der Benzinanalyse eingesetzt (81). Aber auch auf anderen Gebieten wurde er mit Erfolg angewandt: Ölanalyse (11, 12), Eiweißuntersuchungen (83), Konstitutionsaufklärung ätherischer Öle (93, 94), Fettuntersuchungen (95), Analyse der isomeren Hexachlorcyclohexane (96, 97), Identifizierung reiner Verbindungen, Unterscheidung funktioneller Gruppen von noch unbekannten Stoffen, Untersuchung auf Reinheit bzw. Verfälschung von Handelsprodukten, Entdeckung neuer Verbindungen (98), Ausarbeitung günstigster Reaktionsbedingungen für Synthesen (99).

Schlußbetrachtungen.

§ 59. Vergleich mit anderen physikalischen Untersuchungsmethoden, vor allem der Ultrarotspektroskopie.

Die meisten physikalischen Eigenschaften von Substanzen, wie Brechungsindex, Polarisationsgrad, spezifisches Gewicht, Viskosität, Molrefraktion, Dipolmoment, magnetisches Moment, Wärmekapazität usw., sind Eigenschaften, die eine Reinsubstanz charakterisieren, die sich in Mischungen gesetzmäßig verhalten und daher zur Untersuchung binärer Gemische geeignet sind, die aber bei komplexeren Mischungen analytisch nicht mehr ausgewertet werden können, da sie nur durch eine einzige Größe, die summarisch gemessen wird, charakterisiert sind. Lediglich die spektroskopischen Eigenschaften, wie sie in der Raman-, Ultrarot- und Ultraviolettspektroskopie untersucht werden, verhalten sich so, daß sie für die qualitative und quantitative Analyse gebraucht werden können.

In den letzten Jahren wurden vor allem die Raman- und Ultrarotspektroskopie für analytische Zwecke herangezogen. Durch beide Effekte werden die Kernschwingungen der Moleküle untersucht. Das Ultrarotspektrum ist ein Absorptionsspektrum, bei dem statt scharfer Linien mehr oder weniger breite Banden auftreten. Ober- und Kombinationsschwingungen werden häufig beobachtet, so daß die Auswertung der Spektren nicht immer einfach ist. In Substanzgemischen sind Koinzidenzen leichter möglich als im Raman-Effekt, da im Ultrarot statt Linien ja breite Banden auftreten. Die Zahl der nebeneinander zu analysierenden Bestandteile ist daher geringer und wird mit durchschnittlich 4–5 angegeben gegen 9–10 im Raman-Effekt, doch wird man vorteilhafterweise auch hier Mischungen von nicht mehr als 4–5 Bestandteilen anstreben. Ein großer Vorteil der Ultrarotspektroskopie ist der, daß auch die Untersuchung gefärbter Substanzen, Pulver und dünner Filme möglich ist. Die zur Untersuchung notwendige Substanzmenge ist geringer als im Raman-Effekt. Trotz dieser Vorteile wird aber die Ultrarotspektroskopie die Raman-Spektroskopie nicht zu verdrängen vermögen, weil manche Kernschwingungen nur in einem der beiden Effekte sichtbar sind. So ist es verständlich, daß bestimmte Substanzmischungen wegen Linien- bzw. Bandenkoinzidenzen nur im einen der beiden Verfahren analysiert werden können. Die beiden Verfahren werden sich in der Praxis also ergänzen und nicht verdrängen.

Literaturverzeichnis.

1. BJERRUM, N.: Verh. dtsch. phys. Ges. **16**, 737 (1914).
2. KOHLRAUSCH, K. W. F.: Hand- u. Jahrbuch d. chem. Physik, Bd. **9**, VI (1943).
3. KOHLRAUSCH, K. W. F.: Der Smekal-Raman-Effekt, Haupt- u. Erg.-Bd., Berlin: Springer, 1931 u. 1938.
4. RAMAN, C. V.: Nature **121**, 501, 619, 711 (1928). Indian J. Physics **2**, 387, 399 (1928).
5. SMEKAL, A.: Naturwiss. **11**, 873 (1923).
6. FENSKE, M. R., W. G. BRAUN, R. V. WIEGAND, DOROTHY QUIGGLE, R. H. MCCORMICK u. D. H. RANK: Analytic. Chem. **19**, 700 (1947).
7. SHEPPARD, N.: J. Chem. Phys. **16**, 690 (1948).
8. GOUBEAU, J., E. KÖHLER, E. LELL, E. TSCHENTSCHER u. M. NORDMANN: Angew. Chem. (A), **59**, 87 (1947), Beiheft Nr. 56.
9. GOUBEAU, J., u. I. FROMME: Angew. Chem. A, **59**, 180 (1947).
10. MURRAY, M. J., u. F. F. CLEVELAND: Research Publications Illinois, Institute of Technology, Chicago, **2**, 12—53 (1941); **6**, 25—53 (1948).
11. LUTHER, H.: Habilitationsschrift Göttingen-Braunschweig, Institut f. chem. Technologie, Prof. Dr. Kroepelin (1948).
12. LUTHER, H., u. E. LELL: Angew. Chem. **61**, 63 (1949).
13. WOOD, R. W.: Phys. Rev. **33**, 294 (1929); Phil. Mag. **7**, 859 (1929).
14. GOUBEAU, J.: Anorg. Chem. Institut Univ. Göttingen, unveröffentlicht.
15. KRISHNAMURTI, P.: Ind. Journ. of Phys. **5**, 587 (1930).
16. RANK, D. H., u. J. S. MCCARTNEY: J. Opt. Soc. Am. **38**, 279 (1948).
17. FEHÉR, F., u. M. BAUDLER: Anorg. Chem. Inst. Univ. Göttingen, vgl. Fiatbericht „Physik II".
18. GERDING, H., u. W. G. NIJVELD: Nature **137**, 1070 (1936).
19. RANK, D. H., N. SHEPPARD u. G. J. SZASZ: J. Chem. Phys. **16**, 698 (1948).
20. KOHLRAUSCH, K. W. F., u. A. PONGRATZ: Ber. dtsch. chem. Ges. **67**, 976 (1934).
21. GLOCKLER, G., u. J. F. HASKIN: J. Chem. Phys. **15**, 759 (1947).
22. FEHÉR, F.: Angew. Chem. **61**, 334 (1949).
23. HULUBEI, H., u. Y. CAUCHOIS: C. R. Acad. Sci. Paris **192**, 1640 (1931).
24. Wood, R. W.: Phys. Rev. **37**, 1022 (1931).
25. MÉDARD, L.: C. R. Acad. Sci. Paris **197**, 1221 (1933); **198**, 88, 1407 (1934); **199**, 421 (1934).
26. CALLIHAN, D., u. E. O. SALANT: J. Chem. Phys. **2**, 317 (1934).
27. TABOURY, F. I.: Bull. Soc. chim. France **5**, 1394 (1938).
28. PFUND, A. H.: Phys. Rev. **42**, 581 (1932).
29. BONNER, L. G.: J. Amer. Chem. Soc. **58**, 34 (1936).
30. EDSALL, J. T., u. E. B. WILSON jr.: J. Chem. Phys. **6**, 124 (1938).
31. CHIEN, J. Y.: J. Amer. Chem. Soc. **69**, 20 (1947).
32. MAGAT, M.: Ann. Physique **6**, 108 (1936).
33. STOLL, O.: Ber. dtsch. chem. Ges. **71**, 1576 (1938).
34. WINTHER, CHR.: Z. Elektrochem. **43**, 691 (1937).
35. RANK, D. H., u. R. V. WIEGAND: J. Opt. Soc. Am. **36**, 325 (1946).
36. WELSH, H. L., M. F. CRAWFORD u. G. D. Scott: J. Chem. Phys. **16**, 97 (1948).
37. HAMMER, K.: Z. angew. Physik **1**, 439 (1949).
38. VACHER, M.: Analyt. Chim. Acta **2**, 664 (1948).
39. DADIEU, A.: Angew. Chem. **49**, 344 (1936).

Literaturverzeichnis.

40. KAHOVEC, L., u. J. WAGNER: Z. phys. Chem. (B) **42**, 123 (1939).
41. TIMM, B., u. R. MECKE: Z. Physik **94**, 1 (1935).
42. SUTHERLAND, G. B. B. M.: Proc. Roy. Soc. London **141**, 535 (1933).
43. GOUBEAU, J.: Anorg. Chem. Inst. Univ. Göttingen. Vgl. Diss. von H. PAJENKAMP, Anorg. Chem. Inst. Univ. Göttingen (1948).
44. MCLENNAN, J. C., u. J. H. MCLEOD: Trans. Roy. Soc. Canada **22**, 413 (1928), **23**, 19 (1929); MCLENNAN, H. D. SMITH u. J. O. WILHELM, ebenda **23**, 247, 279 (1929); Philos. Mag. **17**, 161 (1932); MCLENNAN u. H. D. SMITH, Canad. J. Res. **7**, 551 (1932).
45. EPSTEIN, H., u. W. STEINER: Z. phys. Chem. (B) **26**, 131 (1934).
46. SZASZ, G. J., N. SHEPPARD u. D. H. RANK: J. Chem. Phys. **16**, 704 (1948).
47. DAURE, P.: Ann. Physique **12**, 375 (1929).
48. GLOCKLER, G., u. M. M. RENFREW: Rev. Sci. Instrum. **9**, 306 (1938).
49. MENZIES, A. C., u. H. R. MILLS: Proc. Roy. Soc. London **148**, 407 (1935). G. K. T. CONN, E. LEE, G. B. B. M. SUTHERLAND u. C. K. WU, Proc. Roy. Soc. London **176**, 484 (1940); L. KAHOVEC u. J. WAGNER, Z. phys. Chem. (B) **48**, 188 (1941).
50. GERLACH, W.: Ann. Phys. **5**, 196 (1930).
51. ANANTHAKRISHNAN, R.: Proc. Indian Acad. Sci. **5**, 76, 87, 200, 447 (1937).
52. CONRAD-BILLROTH, H. C., K. W. F. KOHLRAUSCH u. A. W. REITZ: Z. Elektrochemie **43**, 293 (1937); L. KAHOVEC, K. W. F. KOHLRAUSCH, A. W. REITZ u. J. WAGNER, Z. phys. Chem. (B) **39**, 431 (1938); A. W. REITZ, Z. phys. Chem. (B) **46**, 181 (1940).
53. CABANNES, J., R. LENNUIER u. M. HARRAND: J. Chim. physique Physico-Chim. biol. **46**, 69 (1949).
54. SCHMIESCHEK, U.: Jahrb. d. dtsch. Luftfahrtforschung **III**, 99 (1937).
55. MILLER, C. H., D. A. LONG, L. A. WOODWARD u. H. W. THOMPSON: Proc. Phys. Soc. **62** (A), 401 (1949).
56. CHIEN, J. Y., u. P. BENDER: J. Chem. Phys. **15**, 376 (1947).
57. REITZ, A. W.: Z. phys. Chem. (B) **33**, 368 (1936).
58. CRAWFORD, B. L. JR., u. W. HORWITZ: J. Chem. Phys. **15**, 268 (1947).
59. GLOCKLER, G., u. YO-YUN TUNG: J. Chem. Phys. **15**, 112 (1947).
60. THEIMER, O. H.: Diss. T. H. München (1945).
61. GOUBEAU, J., u. A. LÜNING: Ber. dtsch. chem. Ges. **73**, 1053 (1940).
62. ANGERER, E. V.: Wissenschaftl. Photographie, Akad. Verlagsges., Leipzig (1939).
63. OTTING, W.: Anorg. Chem. Inst. Univ. Göttingen, Diss. (1947).
64. SIMON, A., u. F. FEHÉR: Z. anorg. allg. Chem. **230**, 308 (1937).
65. KAYSER, H.: Tabelle der Schwingungszahlen, Verlag S. Hirzel, Leipzig (1925).
66. PRINGSHEIM, P., u. B. ROSEN: Z. Physik **50**, 741 (1928).
67. RAO, A. V.: Z. Physik **97**, 154 (1935).
68. DABADGHAO, W. M.: Indian J. Physics **5**, 207 (1930).
69. CABANNES, J., u. A. ROUSSET: Ann. Physique **19**, 229 (1933).
70. KAISER, H.: Spectrochimica Acta **3**, 159—190 (1948).
71. Vgl. ELLENBERGER, G.: Ann. d. Phys. **14**, 221 (1932).
72. RANK, D. H.: Analytic. Chem. **19**, 766 (1947).
73. SIMON, A., u. F. FEHÉR: Z. Elektrochem. **42**, 688 (1936).
74. HEERDT, R.: Anorg. Chem. Inst. Univ. Göttingen, Diss. (1947).
75. RENARD, M.: Nature **161**, 354 (1948).
76. GOUBEAU, J.: Raman-Spektralanalyse, in W. BÖTTGER, Physikalische Methoden in der analytischen Chemie. Bd. **III**, S. 263, Akad. Verlagsges., Leipzig (1939).

77. KOHLRAUSCH, K. W. F., u. R. SEKA: Ber. dtsch. chem. Ges. **71**, 1551 (1938).
78. HIBBEN, J. H.: The Raman-Effect and its Chemical Applications, New York, Reinhold Publishing Corp. II. Aufl. (1947).
79. HERZBERG, G.: Infrared and Raman-Spectra of Polyatomic Moleculs. New York, D. van Nostrand Comp. Inc. (1945).
80. BRAUN, W. G., D. F. SPOONER u. M. R. FENSKE: Analytic. Chem. **22**, 1074 (1950).
81. FROMHERZ, H. BUEREN u. L. THALER: Z. Elektrochem. **49**, 444 (1943).
82. GOUBEAU, J., u. E. LELL: Brennstoffchemie **23**, 1 (1942).
83. RENARD, M.: Bull. Soc. chim. Belgique **56**, 95 u. 378 (1947).
84. GOUBEAU, J., u. E. KÖHLER: Z. anal. Chem. **128**, 522 (1948).
85. WICKERT, H.: Anorg. Chem. Inst. Univ. Göttingen, Dipl.-Arb. (1948).
86. SIPS, R.: Congr. Chim. ind. Bruxelles **15**, I, 525 (1935).
87. GOUBEAU, J., u. L. THALER: Angew. Chem., Beiheft Nr. **41** (1941).
88. RANK. D. H., R. W. SCOTT u. M. R. FENSKE: Ind. Eng. Chem. Anal. Ed. **14**, 816 (1942).
89. ROSENBAUM, E. J., C. C. MARTIN u. J. L. LAUER: Ind. Eng. Chem. Anal. Ed. **18**, 731 (1946).
90. HEIGL, J. J., J. F. BLACK u. B. F. DUDENBOSTEL JR.: Analytic. Chem. **21**, 554 (1949).
91. DEBEFVE, A.: Univ. Lüttich, Diss. (1943).
92. DUYCKAERTS, G., u. G. MICHEL: Analyt. Chim. Acta **2**, 750 (1948).
93. NAVES, Y. R.: Parfums de France, Univ. Toulouse, **13**, 114 (1935).
94. NAVES, Y. R., u. P. BACHMANN: Helv. Chim. Acta **32**, 394 (1949).
95. DUPONT, G., u. F. YVERNAUT: Bull. Soc. chim. **12**, 84 (1945).
96. LUTHER, H., F. LAMPE, J. GOUBEAU u. B. W. RODEWALD: Z. Naturforschg. **5a**, 34 (1950).
97. NAUDÉ, S. M., H. VERLEGER u. H. L. de WAAL: Nature (London) **166**, 475 (1950).
98. DUPONT, G.: Bull. Soc. chim. Belgique **45**, 37 (1936).
99. GOUBEAU, J., H. SIEBERT u. M. WINTERWERB: Z. anorg. Chem. **259**, 240 (1949).

Sachverzeichnis.

Ableitung des Raman-Spektrums 102
Absorptionsspektrum 2, 7
Acetylenderivate 45
Adsorption 95
Alkohole 28
Amplitude der Kernschwingung 10, 15
Anharmonische Schwingung 10, 17
Anisotrope Moleküle 14
Anti-Stokessche Linien 6
Antisymmetrische Schwingung 4, 15, 16
Aromaten 15, 48
Äthylene, s. auch Olefine
— tetrasubstituierte 38, 42
— trisubstituierte 37, 42
— unsymmetrisch disubstituierte 36, 42
Atomspektrum 1
Auflösungsvermögen 80
Aufnahme der Raman-Spektren 87
Ausfrieren 95
Ausmessung der Photoplatte 99

Bandenspektrum 2
Baukastenprinzip 34, 128
Belichtungszeit 98, 113
Benzinanalyse 123
Bezugslinie 100
Bezugssubstanz 146
Binäre Eichkurven 136
Bindekraft 2, 10
Blauverschobene Streustrahlung 6, 7, 9, 15, 16
Bogenspektrum 2

Cadmiumbogen 58
Charakteristische Frequenz 12, 18, 117
— Spektren von Kohlenwasserstoffen 51
Chemische Reinigungsmethoden 91
CH-Frequenzen 12, 25
$C=N$-Bindung 42
$C\equiv N$-Bindung 46
$C=O$-Frequenzen 30
$C=O$-Frequenz, Beeinflussung durch Lösungsmittel 153

Deformationsfrequenzen 25
Deformationskonstante 11
Deformationsschwingung 11
Depolarisationsfaktor 13
Depolarisierte Raman-Linie 15
Destillation 92
Diolefine 38
Dipolmoment 5, 7
Dispersion 80
Dispersionskurve 65
Doppelbindung 15, 18
Doppelröhrchen 143, 145
Doppler-Effekt 16
Dreifachbindung 18

Eichkurven binärer Mischungen 135
— ternärer Mischungen 138
Eigenschwingung 3
Eiweißanalyse 127
Elektronenspektrum 2
Emissionsspektralanalyse 18, 116
Emissionsspektrum 1
Entartete Schwingung 3, 4, 12, 15, 16, 42
Entwicklung der Photoplatte 98

Federkraft 10, 12
Fermi-Resonanz 16
Feste Stoffe, Reinigung 96
Fluoreszenz 8, 9, 65, 91
Fluoreszenzlöschung 96
Fluoreszenzspektrum 2, 18
Flüssigkeitsfilter 66
Freie Drehbarkeit 28
Frequenz 1, 5, 12
Frequenzen, konstante 33, 34, 35, 36, 37, 39, 42
Frequenzverschiebungen 117
Funkenspektrum 2, 85

Gefärbte Substanzen 97
Geister 85, 122
Geradkettige Paraffine 25
Gitterspektrographen 82
Gradation 110
Grundton 10
Grünlücke 87
Gruppenfrequenzen 20

160   Sachverzeichnis.

Hartmannsche Interpolationsformel 180
Halogenderivate 28
Hauptpolarisierbarkeiten 14
Heliumlampe 58
Heizaufnahmen 75, 98
Hochdrucklampe 60
Hypersensibilierung von Photoplatten 87

Inkohärente Streustrahlung 6, 15
Intensität der Streustrahlung 4, 6, 8, 14, 15, 102
— Maße für die 131
Intensitätsbestimmungen 107
Intensitätsmessungen, Korrektur für verschiedene Apparaturen 114
Ionogene Bindung 15
Isostere Radikale 28
Isotope 17
Isotrope Moleküle 13

Justierung von Spektrographen und Raman-Rohren 84

Kantenkraft 11
Kettenfrequenzen 12, 15
Kettenfrequenz, höchste 33, 35, 36
Kettenspektrum 12
Kettenverzweigung 15, 34, 36, 42
Klassische Streuung 7, 13, 16, 17
Knickschwingung 11
Kohärente Streustrahlung 6
Kombinationstöne 6, 10, 15
Komparator 99
Komplementäre Filter 79
Kondensor 69
Konjugierte Doppelbindungen 15, 38
Kopplung von Bindungen 12
Korrigierte Vergleichsaufnahmen 147
Kraftfeld des Moleküls 3, 4, 5, 11, 12
Kreisfrequenz 10
Kreislaufapparatur 76
Kristalle, Aufnahme mit 2536 ÅE 65
Kristallpulveraufnahme 78
Kühlaufnahme 75, 76
Kühlung der Brenner 60
Küvette 70

Lampe 69
Lichtausbeute 60
Lichtfilter 65
Lichtquelle 51
Linienspektrum 1, 4

Linienverbreiterung 16, 17, 104
Linsen zur Abbildung des Raman-Rohres auf den Spalt 70
Lösungen, Reinigung 96

Masse 2, 10, 12, 18
Meßmikroskop 99
Meßprojektor 99
Mikroanordnung 75
Molekülspektrum 1

Nachweisbarkeit einer Substanz 118
Natriumlampe 58
Niederdrucklampe 59
N=N-Bindung 42
N=O-Bindung 42
Normalkoordinate 14
Normalschwingung 3, 4
Nullschwingung 3

Oberton 6, 10, 15, 105
Ölanalyse 125
Olefine 32
— mit mittelständiger Doppelbindung 35, 42
α-Olefine, unverzweigt 33
— verzweigt 34
Orthogonalität der Normalschwingung 3

Paraffine 15, 25
Photoplatte 8, 87
Photozelle 88
Physikalische Reinigungsmethoden 92
Pinselentwicklung 99
Polarisation der Streustrahlung 4, 13, 15, 114
Polarisationsmessung 89
Polarisierbarkeit 6, 7, 13
Prismenspektrographen 81
Prüfung auf Reinheit 118

Qualitative Analyse 116
Quantenmechanische Deutung der Rayleigh- und Raman-Strahlung 6
Quantitative Analyse 130; — mit zugemischter Bezugssubstanz 146; — mit Doppelröhrchen 145; — mit Eichaufnahmen 133; — ohne Eichaufnahmen 133; — mit Eichkurven 135; — mit vereinfachten Eichkurven 141; — auf Grund von Frequenzänderungen 153; — auf

Sachverzeichnis.

Grund der Linienbreite 151;
— unter Benutzung von Photometern 135; — durch Photometrierung des Raman-Lichtes 149;
— mit korrigierten Vergleichsaufnahmen der Reinsubstanzen 147
Quecksilberbrenner 58
Quecksilberspektrum 8, 63

Raman-Frequenzen, Bestimmung 100
Raman-Spektrum 2, 6, 7, 9, 13
Raman-Spektren, Sammlungen 120
Rasse der Schwingung 4, 12
Rayleigh, Satz von 12
Rayleigh-Strahlung 6, 8, 16
Reduzierte Masse 10
Reflexion 8, 9, 17
Resonanzabstoßung 16
Ringbildung 15
Ringsysteme 47
Rotation 1, 2, 3, 16
Rotationsspektrum 1
Rotverschobene Streustrahlung 7, 9, 15

Schutzbrille 62
Schwärzungsverlauf 16
Schwärzungskurve 107
Schwärzungsmessung 111
Schwärzungsstufen, Aufnahme von 110
Schwefelverbindungen 29
Schwellenwert der Intensität 107
Schwingungsdauer 3
Schwingungsformeln 12
Schwingungsspektrum 2, 4
Solarisation 107
Spektrale Lücke 26
Spektraler Übergang 128
Spektrallinie 1
Spektrographen 8, 18, 80
Spiegel 69
Stokessche Linien 6
Streufähigkeit, Änderung der 131
Streufähigkeitsformel 140

Streufähigkeitskurve 136
Streugefäße 73
Streulinie 13
Streuspektrum 2, 6, 7
Streuungskoeffizient 150
Struktur der Streulinie 16
Substanzgemische, qualitative Analyse 120
Substituierte Paraffine 27
Symmetrieelemente 3, 4
Symmetrische Schwingung 16

Temperatur 16
Ternäre Eichkurven 138
Thalliumlampe 58
Totalsymmetrische Schwingung 14
Translation 2, 3
T-Schicht 80
Tyndall-Strahlung 8, 9, 91

Überdunsten 94
Ultrarotspektroskopie 155
Ultrarotspektrum 2, 5, 7, 10
Untergrund 16, 17, 112

Valenzfrequenzen der Paraffine 25
Valenzkraft 11
Valenzkraftmodell 11
Valenzschwingung 11, 12
„Verbotene" Linien 15
Vergleichsspektrum 100
Versuchsanordnungen 69
Verteilungsglockenkurven 122
Verzweigte Paraffine 26
Vorbehandlung der zur Spektroskopierung bestimmten Substanz 91

Wasser 92, 95
Wellenlänge 1, 8
Wellenzahl 1
Wrattenfilter 68, 90

Zentralkraftmodell 11
Zündgas 59, 61, 62, 122
Zuordnung der Frequenzen 12, 68, 104

MIX
Papier aus verantwortungsvollen Quellen
Paper from responsible sources
FSC® C105338

If you have any concerns about our products,
you can contact us on
ProductSafety@springernature.com

In case Publisher is established outside the EU,
the EU authorized representative is:
**Springer Nature Customer Service Center GmbH
Europaplatz 3, 69115 Heidelberg, Germany**

Printed by Libri Plureos GmbH
in Hamburg, Germany